中国南瓜的叶

印度南瓜的叶

印度南瓜的雄花

印度南瓜的雌花

不同品种的南瓜

金 香

奶 油

黄贝贝

贵 蜜

印度南瓜

碧栗1号   碧栗2号

贝 贝   贝栗美

黑 贝   银 栗

迷你小南瓜（黄迷你、白迷你、橘迷你）

龙鑫丹南瓜

香芋小南瓜

红粉佳人

中型贝贝

红箭贵族南瓜　　　　　　　　贵族南瓜

栗　福　　　　　　　　　　锦　福

香久王　　　　　　　　　　强　栗

李 白

味 平

糯蜜栗

北京甜栗

观赏南瓜

陀螺形

疙瘩

佛手形

钟形

子孙满堂

皇冠形 丑小鸭

多翅瓜

香炉瓜

巨型南瓜

黑籽南瓜   南砧1号

滴灌施肥技术

压差式施肥罐

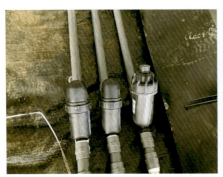
过滤器

穴盘育苗

营养钵育苗

育苗棚消毒

南瓜温汤浸种

子叶展平至第一片真叶显露

发芽期

幼苗期管理（覆膜）

成苗标准

钢架塑料大棚

土墙日光温室示意图　　　　　　砖墙日光温室

a.保温被围护

b.保温被+塑料膜围护

c.EPS空心砖围护

d.挤塑保温板围护

装配式日光温室

露地南瓜

开沟施肥

定植过程

定植后效果

浇　水

南瓜进入蔓期

摘 心

吊 蔓

授 粉

小型南瓜留果

中果型南瓜留果

争奇斗艳

生肖

巨龙腾飞

盆栽南瓜艺术

南瓜刻字

诗词南瓜

艺术南瓜

南瓜采后分级

贝贝商品瓜

盆栽南瓜艺术南瓜重量分选装置

南瓜的包装与标识

南瓜白粉病

南瓜病毒病

南瓜枯萎病

瓜蚜—无翅蚜和若蚜

雌成螨

张莹　陈艳利　徐进　主编

南瓜
优质栽培及病虫害
防控技术

中国农业出版社
北京

图书在版编目（CIP）数据

南瓜优质栽培及病虫害防控技术 / 张莹，陈艳利，徐进主编. -- 北京：中国农业出版社，2025. 6.

ISBN 978-7-109-33322-2

Ⅰ. S642.1；S436.42

中国国家版本馆 CIP 数据核字第 20256UE940 号

中国农业出版社出版

地址：北京市朝阳区麦子店街 18 号楼

邮编：100125

责任编辑：李　夷　刁乾超　　文字编辑：李瑞婷

版式设计：李　文　　责任校对：吴丽婷

印刷：北京通州皇家印刷厂

版次：2025 年 6 月第 1 版

印次：2025 年 6 月北京第 1 次印刷

发行：新华书店北京发行所

开本：850mm×1168mm　1/32

印张：6.5　　插页：10

字数：100 千字

定价：48.00 元

编写人员

主　　编：张　莹　陈艳利　徐　进
副 主 编：杨立国　李金萍　穆生奇　攸学松　石颜通
编写人员：张　莹　陈艳利　徐　进　李金萍　孙贝贝
　　　　　马　超　穆生奇　攸学松　赵立群　曾剑波
　　　　　曲明山　满　杰　石颜通　郑立静　钱　井
　　　　　刘立娟　韩立红　祝　宁　张雪梅　胡潇怡
　　　　　曹彩红　王艳芳　刘　杰　李冬彪　张　荣
　　　　　杨学文　朱欣宇　江　娇　于　琪

内容简介

　　本书在简述南瓜生物学特征特性、营养价值以及栽培技术的基础上，详细阐述了不同类型南瓜的主要栽培方式与相应的栽培技术、病虫害的识别及防治技术等方面内容。在编写中，注重把科学原理和实际操作相结合，对于农民从事南瓜生产具有很强的指导性和实用性。

前言

FOREWORD

近年来，我国积极调整农业种植结构。由于南瓜栽培比较省工，可因地制宜在山区、半山区发展南瓜产业，南瓜抗病性和耐旱性强，对提高经济效益和生态效益有一定作用，故南瓜的栽培利用越来越受到关注。

南瓜属包括中国南瓜、美洲南瓜、印度南瓜、黑籽南瓜和灰籽南瓜等5个主要栽培种。中国南瓜又称作倭瓜、饭瓜、番瓜等，美洲南瓜又称作西葫芦、角瓜、北瓜等，印度南瓜又称作笋瓜、玉瓜等。自20世纪70年代以来，随着科学技术的进步，人们认识到南瓜是一种含有丰富营养成分的蔬菜，有着良好的保健功能，促使南瓜种植受到重视，成为蔬菜业中新的增长点。自20世纪90年代以来，南瓜的种植面积和消费量有了显著的增长，南瓜加工业也有了较大的发展。南瓜是具有平衡营养作用的优良蔬菜，符合广大消费者对蔬菜优质、营养和保健效果的要求，从而成为一种新兴的特种果蔬。发展南瓜种植既可促进资源合理开发利用，又可调动农民发展蔬菜产业的积极性，解决农村剩余劳动力问题，对农民增收、提高产业效益、振兴农村经济具有现实意义。因此，南瓜种植产业具有广阔的市场及应用前景。

广大农民及技术人员在应用南瓜新品种、新技术时，尚无法实现高产高效。因此，本书介绍了南瓜的生物学特性，包括南瓜的形态特征、生育特性以及生长发育对环境条件的要求；阐述了我国南瓜的主要分类及生产中使用的主要品种；详细说明了南瓜的水肥管理技术和育苗技术，以及生产中针对不同南瓜的主要栽培形式以及栽培技术；整理了南瓜采收与采后处理、病虫害的识别及防治技术等方面内容。在编写中，注重把科学原理和实际操作相结合，图文并茂，对于农民从事南瓜生产具有很强的指导性和实用性。

由于笔者水平有限，书中难免会有疏漏或不妥之处，敬请读者批评指正！

编　者

目 录

CONTENTS

第一章
南瓜的生物学特性

第一节 南瓜的形态特征

一、根

南瓜为葫芦科南瓜属一年生蔓生草本植物，根系为直根系，由主根、多级侧根和次生根组成，是吸收水分和矿物质营养的器官。南瓜与其他葫芦科植物一样，根系生长迅速，一株根系总长可达25千米。南瓜播种后，种子发芽长出直根，随后直根以每天2.5厘米的速度扎入土中，播种后42天，直根深达75厘米，最深能达到2米。南瓜根系主要分布在10~40厘米的耕层中，分枝能力很强，直根能分生出许多一级、二级、三级和四级侧根。在播种后25~30天，侧根分布的半径能达到85~135厘米，侧根在地表以下45厘米的范围内向水平方向伸展。一级侧根有20多条，一般长50厘米，最长的能达到140厘米。一级侧根可以再分生出侧根，每天伸长6厘米。

南瓜根系吸水和吸肥的能力都很强，对土壤的要求不是很高，在干旱、贫瘠的土壤中，也能够正常生长发育。但是，南瓜生长最适宜的土壤是沙壤土和壤土，在这两类土壤中栽培能够得到优质的产品。南瓜的根系不耐移栽，干旱地区栽培最好直播；早熟栽培移栽时苗龄不宜过大，以免伤根影响幼苗生长。

1

二、茎

南瓜茎有蔓生和矮生两种类型。大部分南瓜品种的茎属于蔓生，普通栽培时茎匍匐于地面生长。南瓜的茎蔓具有很强的分枝性，分为主枝、侧枝和二级侧枝。幼苗顶端伸出的蔓为主蔓，一般的南瓜品种主蔓长 3～5 米，有的品种主蔓能长到 10 米以上，少数品种为短缩的丛生茎。茎蔓中心为空心，有明显或者不明显的棱，表面有粗的刚毛或软毛。茎节上长有卷须。茎的颜色多为绿色、深绿色或墨绿色。

很多品种的匍匐茎节上容易发生不定根，能够固定枝蔓、辅助吸收水分和营养物质，一般能深入土中 20～30 厘米。生产上栽培南瓜时可以采取压蔓的方法，利用匍匐茎易生不定根的特性扩大南瓜根系的吸收范围。茎中有发达的维管束群，能够将根吸收的矿质元素和水分输送到叶片、果实，供叶片进行蒸腾作用和光合作用，促进果实膨大。当肥、水条件适宜时，在主茎上的叶腋处容易抽出侧枝，即子蔓，子蔓上生的侧枝称作孙蔓。茎蔓的横断面呈圆形或五角形。

由于大多数南瓜品种具有较强的分枝性，在栽培过程中需要进行整枝、摘心等植株调整。南瓜的茎叶生长繁茂，除了部分早熟的品种在主蔓上第 7～8 节结果，一般都在主蔓上第 16～18 节开始结果，晚熟的品种要在 20 节以上才开始结果。由于主蔓生长过于旺盛，一般结的第一个果不容易坐住。侧蔓一般在第 7～8 节就可以结第一个果。

三、叶

南瓜的叶片互生，叶面肥大，一般为浓绿色或鲜绿色，有的品种叶面沿叶脉有白斑，有的品种叶面上没有斑（图 1 - 1、

图1-2）。不同品种叶面上白斑的多少、大小和叶片颜色的浓淡不同。南瓜叶片的大小因品种、叶片位置和栽培条件的变化而不同，长宽多在30～35厘米。南瓜的叶片为近圆形、心脏形和掌状。叶片粗糙，表面有茸毛；叶柄细长、中空，没有托叶。不同品种的叶片形状、斑纹及叶面的茸毛也不同。叶腋处一般着生雌花或雄花、侧枝和卷须。由于南瓜叶片宽大，具有很强的蒸腾作用，因此不适宜大苗移栽。

图1-1 中国南瓜的叶

图1-2 印度南瓜的叶

四、花

中国南瓜的花比较大，雌雄同株异花，为异花授粉，需借助昆虫传粉。雌花比雄花大,花为筒状,颜色为鲜黄色或橙黄色。雌花子房下位,柱头3裂,花梗粗。从子房的形态可以判断出以后的瓜形。雄花比雌花出现得早,先开放,并且数量多,有雄蕊5枚,合生成漏斗状或喇叭状。花托和子房发育成果实。花的大小与色泽、花梗的粗度和长短因品种而异。印度南瓜的花较小,花蕾为圆柱状,花筒为圆筒状,花色为鲜黄色,花瓣为圆形(图1-3、图1-4)。

图1-3 印度南瓜的雄花

图1-4 印度南瓜的雌花

南瓜的花一般在夜间开放，凌晨四五点钟盛开，午后萎谢。短日照和较大的昼夜温差条件有利于雌花分化，高温和长日照条件有利于雄花分化，不同品种之间有差异。外界气温对开花的时间也有影响，低温会推迟开花，甚至不开花。不同品种雌花出现的节位也不同，并且有很强的可塑性。

五、果实

不同品种的南瓜，其果实形状和果皮颜色不同，是品种鉴别的主要依据（图1-5）。南瓜果实的形状有扁圆形、长圆形、高扁圆形、瓢形、纺锤形、梨形、圆筒形、长筒形等。果皮的颜

奶油　　　　　　　　　　　　　金香

黄贝贝　　　　　　　　　　　　贵蜜

图1-5　不同品种的南瓜

色，底色多为绿色、灰色或粉白色，间有浅灰色、橘红色的斑纹或条斑。果实表面平滑，或者有明显的棱线、瘤、纵沟等。果实分外果皮、内果皮、胎座三个部分。子房下位，有3～5个心室，大部分为3个心室，6行种子着生在胎座上，也有的品种是4个心室，着生8行种子。果肉颜色多为黄色、深黄色、浅绿色、白色等，肉质致密或疏松；肉厚一般为3～5厘米，有的厚度能超过9厘米。中国南瓜的果柄硬、木质化，表面具5棱，上面有浅棱沟，与瓜连接处有明显扩大，呈五角星状的座。印度南瓜的果柄较软，断面呈圆形，无棱，与瓜连接处没有明显的扩大。

六、种子

不同品种或种类的南瓜种子大小、形状、颜色、周缘在脐部上形成的珠柄痕等特征不同，是品种鉴别时的重要依据。南瓜种子由种皮、胚乳、胚三个部分组成，子叶中储存有糊粉粒和油脂等营养成分。种子成熟后，籽粒饱满，种皮硬化。中国南瓜的种子形状扁平、边缘肥厚，颜色一般为白色、淡褐色或淡黄色，千粒重一般为125～300克，寿命5～6年。印度南瓜的种子一般为白色、乳白色或褐色，较中国南瓜的种子略大，千粒重能够达到500克以上，周缘平滑，有不同颜色，珠柄痕倾斜。

南瓜种子的成熟度对发芽率有影响，从雌花授粉到采收一般需要40～45天。采收后放在阴凉处，后熟10～15天，能够提高发芽率。

各种南瓜形态特征详见表1-1。

表1-1　各种南瓜形态特征

性状	种类				
	美洲南瓜	印度南瓜	中国南瓜	灰籽南瓜	黑籽南瓜
生长	一年生	一年生	一年生	一年生	多年生

（续）

性状		种类				
		美洲南瓜	印度南瓜	中国南瓜	灰籽南瓜	黑籽南瓜
表现		蔓生或丛生	蔓生，罕有丛生	蔓生	蔓生	蔓生
叶片	刺	硬刺	软毛	软毛	软毛	硬刺
	形状	掌状深裂	全缘，圆形或肾形	全缘或浅裂	掌状深裂	浅裂
	白斑	部分有	无	多数有	部分有	有
茎	断面	五棱形	圆形	五棱形	五棱形	五棱形
	质地	硬	软	硬	硬	硬
花形	蕾	圆锥形	圆柱形	圆锥形	圆锥形	圆锥形
	花筒	漏斗状	圆筒状	广平开叉	漏斗状	小漏斗状
花冠	颜色	橙黄色	鲜黄色	柠檬色	橙黄色	黄或淡黄色
	花瓣	锐顶	圆形	锐顶	锐顶	钝角
	萼片	小、细	小、细	大，常呈叶状	—	短、细
果	质地	硬，有沟	软，软木质	硬，有木质条沟	硬，木栓质	硬
	横断面	五棱形	圆筒形	全五棱形	五棱形	全无棱形
	果梗座	无	无	扩大	直径增加	稍扩大
果肉	质地	粗至密	粗至密	粗至密，纤维质或胶状	硬，木栓质	硬
	肉色	白至暗橙黄	灰至橙黄色	黄至橙色	白至黄色	白色
种子	周缘	平滑，边宽	平滑，颜色不均	薄，色浓	薄，有时肥厚	平滑
	珠柄痕	圆	倾斜	水平或倾斜或圆形	尖，灰绿色	圆形

（续）

性状		种类				
		西葫芦	笋瓜	中国南瓜	灰籽南瓜	黑籽南瓜
种子	皮色	淡黄色	白色、乳白色或褐色	灰白至黄褐色	灰色	黑色
	长度（毫米）	10～18	16～22	16～20	17～40	17

资料来源：张振贤，2003，蔬菜栽培学。

第二节　南瓜的生育特性

南瓜从种子萌芽到形成新的种子经历营养生长和生殖生长的全过程，一般需要 100～125 天。在相同生长条件下，南瓜不同种类和品种之间的生长发育速度不同（表1-2），差异主要表现在出苗到雌花开放和坐果到果实成熟两个时期。环境条件影响最明显的也是这两个时期。按南瓜各生育阶段的不同特点，整个生育期可以划分为发芽期、幼苗期、伸蔓期、开花结果期。每个时期有不同的生长中心，并有明显的临界特征。

表 1-2　南瓜不同栽培种的各生长阶段所需的时间

栽培种	播种—出苗（天）	出苗—第一朵雌花开放（天）	第一朵雌花开放—坐果（天）	坐果—果实成熟（天）	全生育期（籽用）
美洲南瓜	6～9	30～40	7～10	40～50	81～99
印度南瓜	7～8	35～45	3～10	40～60	82～113
中国南瓜	7～8	40～55	3～8	35～60	82～120
黑籽南瓜	7～8	60～65	7～10	90～100	150～155

一、发芽期

从播种、种子萌动到子叶展平、第一片真叶露心（即"两叶一心")这个阶段为发芽期，也称作出苗期。正常播种情况下，此期为 10 天左右。根据种子发芽的特点和对环境条件的要求，可分为发芽前期和发芽后期。发芽前期通常指发芽过程，以种子"露白"为界限；发芽后期是从种子"露白"到第一片真叶显露的时间。发芽期要控制好温度、湿度，使土壤保持良好的通透性，促进种子迅速萌发，防止幼苗徒长，为培育壮苗打好基础。发芽温度为 15～35℃，最适温度为 25～28℃。发芽要求水分适量，吸水量相当于种子重量的 60％～70％为宜。供水不足，特别是种子"露白"时水分少，易产生芽干现象；水分过多，氧气不足，种子难以正常萌芽。

播种前，用 30℃温水浸种 6～8 小时，在 25～30℃的条件下催芽 36～48 小时，种子即可发芽。芽长到 0.3～0.5 厘米时适宜播种。播种后种子的胚根继续向下伸长并产生侧根，胚轴向上伸长，种皮在胚栓和盖土的压力共同作用下开裂，子叶脱离种壳而拱出地面。催芽至子叶展平需 4～5 天，子叶展平至真叶显露需 3～5 天。播种后 3 天，根系能长到 3 厘米，第四天开始生出侧根。

二、幼苗期

从"两叶一心"开始到第五片真叶展开所经历的时间为幼苗期，品种和栽培条件影响此期长短，在 20～25℃的条件下，一般需 25～30 天；如温度低于 20℃，则需要 40 天以上。此期植株直立生长，生长的叶片较少，主、侧根生长迅速，每天可以增长 4～5 厘米，3、4 级侧根相继出现，下胚轴伸长生长减缓，以加粗生长为主，真叶陆续展开，茎节开始伸长。幼苗期结束时，根长横向已经有 0.5～1 米，深度在 30 厘米以上，腋芽也开始活动，株高 10～15 厘米，茎粗 0.6～0.8 厘米。期末开始出现卷须，早熟品种能出现雄花蕾，有的出现雌花和侧枝。此时在栽培上需要蹲苗、勤锄，以疏松土壤、提高地温，促进根系发育，并促使根群向土壤深层发展，使幼苗健壮蹲实，为丰产打好基础。

三、伸蔓期

从第五片真叶展开、卷须长出至第一朵雌花开放所经历的时间为伸蔓期，一般需要 10～15 天。茎叶的生长速度加快，叶面积增大，节间逐渐伸长，有的品种由直立生长转为匍匐生长；卷须抽出，雄花和雌花先后开放。营养生长盛期，茎节上的腋芽迅速活动，抽出侧蔓。这个时期依据生长特点不同，可分为抽蔓前期和抽蔓后期。抽蔓前期应促使蔓、叶充分生长，为以后的开花结果打好基础。栽培管理上促控结合，使植株壮而不旺（不旺长），稳发快发，在开花前长好茎蔓，茎叶生长适宜的温度是白天25～30℃，夜间 16～18℃，若长期在 13℃以下或 40℃以上会造成生长发育不良。抽蔓后期一方面叶、蔓继续旺盛生长，另一方面正值开花坐果，既要为果实提供物质基础，又要适当防止营养生长过旺，以免延迟或影响开花坐果。栽培上应以控为主，采用整枝、压蔓、控制肥水等措施，防止疯秧和化瓜。生产上要根据天气、地力和植株长势情况，合理施肥浇水，对植株进行适当控制，以保证生长中心转向生殖生长。

四、开花结果期

从第一朵雌花开放至果实成熟所经历的时间为开花结果期，此期茎叶生长与开花结果同时进行，到种瓜成熟需要 50～70 天。这个时期根系增长的速度逐渐降低，分化形成果实各种组织结构，同化的产物向果实转运。果实生长适宜温度为 25～27℃。早熟品种一般在主蔓的第 5～10 节出现第一朵雌花，中熟品种一般在主蔓的第 10～18 节出现第一朵雌花，晚熟品种要到第 24 节才出现第一朵雌花。在第一朵雌花出现后，每隔数节或连续几节都能出现雌花。不论品种是早熟还是晚熟，第一朵雌花所结的瓜小、种子少，早熟品种更明显。此期营养生长由旺盛变缓慢，生殖生长旺盛，这一时期以果实生长为中心。栽培上注意结果期前期以控为主，及时整枝、压蔓，适当节制肥水，控制蔓、叶生长，设施栽培同时要进行人工辅助授粉，雨天雌花套袋防止雨淋，促进坐果。结果中期是决定瓜大小、产量高低的关键时期，应加强肥水管理，以扩大和维持叶面积，延长功能叶寿命，提高光合作用能力，保持叶片不致过早衰老，防止缺水脱肥引起植株早衰现象。除追施钾、氮为主的速效肥外，也可根外喷施尿素、磷酸二氢钾以保护叶片，促进果实膨大。适时留果、摘心，使养分在茎叶及果实中合理分配。后期是果实迅速发生质变的重要时期，应停止浇水，注意排水，避免损伤叶片，防止蔓、叶早衰。

第三节　南瓜生长发育对环境条件的要求

一、温度

南瓜属于喜温蔬菜，能够忍耐较高的温度，不耐低温，但种间存在差异。中国南瓜适宜温度较高，一般为 18～32℃；其次为印度南瓜，适宜温度为 15～29℃；西葫芦对温度要求较低，适宜温度为 12～28℃。当温度达到 32℃以上可导致南瓜花器发育异常，40℃以上则停止生长。不同生育期对温度要求不同，种子发芽的最适温度为 25～30℃，低于 10℃或高于 40℃，种子不能发芽。因此，露地直播应在当地地温稳定在 10℃以上时进行。根系生长的最适温度为 28～32℃，能忍受的最低温度为 6～8℃。

南瓜在早春栽培时，因早春温度较低，多采用温室育苗；定植时，可采用地膜、小拱棚、大棚等多层覆盖，并选晴天定植，以满足根系发育所需的温度。

幼苗期最适温度为白天 23～25℃，夜间 13～15℃，地温 18～20℃，有利于提高秧苗质量、促进花芽分化。营养生长期的最适温度为 20～25℃，开花结果期所需的温度更高，低于 15℃ 时开花结果缓慢，高于 35℃ 时花器不能正常发育，雌花易变为两性花，会出现落花、落果、发育停滞等现象。果实发育的最适温度为 25～27℃。

二、光照

南瓜属于短日照作物，幼苗期温度的高低和日照长短对雌花出现的时间有很大的影响。长日照有利于雄花发育，短日照有利于雌花发育。低温和短日照条件下，雌花出现的节位降低，可以提早结瓜。因此，在南瓜育苗期间，可以通过减少日照时间促进早熟、提高产量。研究表明，夏播南瓜在育苗时进行遮光处理，每日给 8 小时的光照，处理 15 天的产量比对照高 53%，处理 30 天的产量比对照高 110.8%。南瓜的光饱和点为 45 000 勒克斯，光补偿点为 1 500 勒克斯。南瓜对于光照要求严格，光照充足时，植株生长健壮，茎蔓粗壮，叶片厚实，组织结构紧密，节间短；阴雨连绵光照不足时，生长瘦弱，节间伸长，容易徒长，易落花及化瓜。但在高温季节，阳光太强烈时易造成严重萎蔫。因此，在高温季节栽培南瓜时，可选择高秆作物进行套种，可以减轻阳光直射对南瓜的不良影响。南瓜叶片肥大，相互遮光严重，田间的消光系数高，会影响光合作用。因此，生产上要对植株进行调整。

三、水分

南瓜叶蔓茂盛，叶片大，蒸腾作用强，水分消耗大，每形成

1 克干物质需要蒸腾 $748\sim834$ 克水。南瓜具有强大的根系，能充分吸收土壤中水分，由于叶片有缺刻或被蜡质等，对湿度的要求不是很严格，具有较强的耐旱能力。但由于南瓜的根系主要分布于耕作层，蓄水有限，土壤湿度和空气相对湿度低时，会引起萎蔫。如果萎蔫持续时间太长，容易形成畸形瓜。因此，生产上要及时灌溉，保证正常的生长、结果，提高产量。但湿度过大时，容易引起徒长，尤其是雌花开放时遇到连阴雨天，容易落花落果。南瓜生长最适宜的土壤相对湿度为 $50\%\sim60\%$，空气相对湿度为 $60\%\sim70\%$。土壤缺水、空气干燥时，易造成病毒病发生。湿度过高会导致落花落果、灰霉病发生。空气相对湿度达 85% 以上时不利于花药开裂，影响田间授粉。美洲南瓜和印度南瓜的需水量都比中国南瓜多，耐旱性比中国南瓜差。

南瓜不同生长阶段对水分的需求不同。发芽期需要充足的水分，以利种子吸水膨胀，顺利发芽；但也不能过湿，否则会造成烂种。幼苗期植株的生长量小、茎叶少，需水也少，适应干旱能力较强，可适当供水，促进幼苗早发。如幼苗期过湿，会引起烂根、徒长、发生病害。抽蔓期要控制水分，适当干旱可以促进根系生长，增强抗旱能力，减少发病。开花前后要适当控制水分，防止植株徒长，跑蔓化瓜。结果期需大量给水，特别是结果前、中期果实迅速膨大，应及时供应充足的水分，促进果实迅速增长。果实"定个"后，应及时停水，以利糖分积累。

四、土壤

南瓜对土壤的要求不严，适应性强，比较耐旱、耐瘠薄；一些不适宜栽培蔬菜的土地都可以种植南瓜。但仍以耕层深厚、较肥沃、排水性好的沙壤土或壤土栽培为好，有利于雌花的形成，且雌花与雄花的比例会提高。如果土壤过于肥沃，茎叶过分繁茂，容易引起落花落果。南瓜适宜的土壤 pH 为 $6.5\sim7.5$。

五、矿质元素

南瓜生长量大，根系吸收水肥能力强，是吸肥量最多的蔬菜作物之一，尤其是进入开花结果期后，对肥料的吸收量急剧增加。整个生育期内，吸收的营养元素以钾和氮为主，其次是钙，磷和镁最少。氮肥可促进蔓、叶生长，保持植株健壮，为果实形成与膨大提供营养基础；钾能促进茎蔓生长健壮，提高茎蔓韧性，增强防风、抗寒、抗病虫能力，提高果实品质。据测算，每生产 1 000 千克的南瓜需要吸收钾 5～7.1 千克、氮 3～5 千克、钙 2～3 千克、磷 1.3～2 千克、镁 0.7～1.3 千克。南瓜对厩肥和堆肥等有机肥料有良好的反应。

不同生育期对矿质元素的需求量和吸收比例不同。发芽期吸收量最少，此期主要靠子叶内贮藏的养分供给；幼苗期吸肥量较少；抽蔓期吸肥量增加。这三个时期以营养生长为主，吸收氮肥比例较大，但仍需要氮、磷、钾合理搭配，切忌偏施氮肥。生长前期如果施用过多氮肥，容易引起徒长，头瓜坐不住，容易脱落；如果过晚施用氮肥，会影响果实的膨大。苗期对营养物质的吸收比较慢，伸蔓以后对营养物质的吸收明显增快。结果期需肥最多，头瓜坐稳之后就是需肥量最大的时候，此时期营养充足有利于高产。

六、气体

南瓜同其他植物一样离不开氧气。空气含氧量 21% 能够满足南瓜地上部对氧气的要求。南瓜根系呼吸依赖的是土壤中的氧气，土壤含氧量高于 10% 才能正常生长，不能忍受土壤含氧量低于 2%。

植物进行光合作用时吸收二氧化碳，释放氧气。二氧化碳是植物进行光合作用的重要原料，二氧化碳不足会影响南瓜的光合效能。随着日光温室和塑料大、中、小棚等设施栽培的发展，棚室二氧化碳施肥在保护地南瓜生产上已开始应用，能够促使植株健壮，提高叶绿素含量，维持较高的光合作用水平，提高糖分和干物质积累，增产增收，改善品质。

空气中氨气（NH_3）、二氧化氮（NO_2）、二氧化硫（SO_2）等气体含量超出一定界限时，会对南瓜生长发育造成危害。

第二章
我国南瓜类型及品种

第一节　中国南瓜

中国南瓜在我国的种植面积最大、产量最高，栽培历史悠久。据中国园艺学会南瓜研究分会（2020）统计，中国南瓜种植面积28.8万公顷，产量1 126万吨，是南瓜属作物中播种面积最大、产量最高的一种。中国南瓜起源于中南美洲和墨西哥，明代嘉靖年间传入中国，之后开始在我国北方地区广泛种植。中国南瓜具有很强的适应性，容易栽培且贮存方便，是重要的蔬菜支柱产业，为促进农民增收、农村产业发展发挥了重要的作用。中国南瓜品种丰富，形状各异，根据主要食用器官或加工对象，可分为肉用南瓜和籽用南瓜两大类，主要以肉用为主，包括食用嫩瓜型和食用老瓜型两种。食用老瓜型为肉质粉、甜的蜜本南瓜类型，食用嫩瓜型为一串铃南瓜类型。国内广泛种植且具有影响力的中国南瓜地方品种和培育的新品种介绍如下。

1. 蜜本南瓜

蜜早南瓜与狗腿南瓜杂交而成的一代杂种。早中熟，果实棒槌形，定植后85～90天可收获。植株生长势强，分枝多，茎较粗，叶片心脏形，深绿色，成熟时果皮橙黄色，果肉橙红色，肉厚，肉质粉、细腻、甜，品质优。单果重2.0～3.5千克，一般每公顷产量为30～45吨。耐贮运，适宜在长江以南各省份种植。

2. 金船大密本

蜜本南瓜一代杂种。中熟，果实为棒槌形，花谢后 40 天左右成熟。植株长势旺盛，匍匐生长、分枝中等，叶片钝角掌状，中等大小，绿色，叶脉中有少量浅白色斑纹。对日照不敏感，连续坐果能力强，抗白粉病与霜霉病。老熟瓜果皮橙棕色，嵌有少量散点状白色斑纹，果实表面有明显的蜡粉。老熟瓜果肉为橙黄色，肉质细腻、粉、甜，口感好，水分少，耐贮存和运输。单果重 4.5～5.5 千克，一般每公顷产量为 52.5 吨。适宜长江以南地区在春、秋季种植。

3. 白沙蜜本

广东省汕头市白沙蔬菜研究所培育的迷你南瓜品种。早熟，果实为棒槌形，顶端膨大，定植后 85～90 天可收获。植株匍匐生长，分枝性强，叶片钝角掌状，绿色，茎较粗。果皮橙黄色，果肉橙红色，肉质粉、细腻、甜，品质优良。抗逆性强、适应性广，产量高、品质优良，耐贮运。单果重 3.0～3.5 千克，一般每公顷产量为 37.5 吨左右。

4. 香栗蜜本

安徽江淮园艺种业股份有限公司培育的中大果型蜜本南瓜一代杂种。中熟，果实纵切面为长葫芦形，全生育期 100～120 天。植株蔓生，易坐果，以主蔓结瓜为主。果实表面棱沟深度中等，成熟后果皮橙棕色，果实转色快且均匀，果肉红，口感粉、糯、甜。抗白粉病。单果重 4.5 千克，平均每公顷产量为 34.5 吨。适应性较广，在我国长江流域及其以南地区均可种植；适宜露地双行对爬栽培。

5. 早熟粉蜜

蜜本南瓜一代杂种。早熟，果实为长葫芦形，表面有浅棱，从出苗至采收约 95 天。植株长势中等，第一朵雌花节位为 16 节左右，以主蔓结瓜为主。果皮橙黄色，果肉橙红色，转色好而且均匀，口感粉、甜。单果重 4.9 千克左右，平均每公顷产量为

60 吨。适宜在华中、华南地区露地栽培。

6. 红蜜 3 号

湖南省蔬菜研究所培育的中国南瓜一代杂种。中晚熟，果实为长葫芦形，成熟后果皮橘黄色带白色条纹，果面有棱沟。植株长势强，主、侧蔓均可结瓜。肉质致密，口感细腻、粉、甜。单果重 3.0～4.0 千克，平均每公顷产量为 51 吨。适宜在华中、华南地区露地栽培。

7. 广蜜 1 号

广东省农业科学院蔬菜研究所培育的中国南瓜一代杂种。早熟，果实为短棒槌形，春季栽培从播种到初收需要 104 天，秋季栽培需要 92 天。植株长势强，分枝性强。果皮棕黄色，有绿网纹，果肉橙黄色。单果重 3.5～5.0 千克，大的能达到 10 千克。抗逆性强，适应性广。可在华南、华中、华北等地区种植。

8. 甜蜜小南瓜

广东省农业科学院蔬菜研究所培育的小果型中国南瓜一代杂种。早熟，果实为扁圆形，春季栽培从播种到初收约 101 天，秋季栽培约 83 天。植株长势强，分枝性强，雌花期集中。果皮土黄有绿网纹，果肉黄色，叶黄素含量高，口感粉、甜，抗逆性较强。单果重约 1.6 千克。适宜广东南瓜产区在春、秋季种植。

9. 金铃

广州市农业科学研究院培育的小果型中国南瓜一代杂种。中早熟，春季栽培从播种到初收约 103 天，秋季栽培约 90 天。植株长势强，分枝性强，开花期集中，低节位果实为扁圆形，高节位果实为梨形。外形美观，商品率高。成熟瓜果皮黄色带有浅黄色斑纹，表面光滑，果肉黄色，肉厚，口感甜、粉。单果重约 1.3 千克，平均每公顷产量为 19.5 吨。品质优，耐贮运，抗白粉病，耐病毒病和疫病，抗逆性较强。适宜在广东、广西、海南、湖南南部等地种植。

10. 盘龙204

安徽江淮园艺种业股份有限公司培育的中小果型中国南瓜一代杂种。早熟,果实为磨盘形,转色快,成熟瓜果皮橙红色,果肉橙黄色。肉质粉、甜,口感极佳。单果重2.0千克左右,每公顷产量为30吨左右。抗白粉病、霜霉病。适宜在长江流域种植。

11. 金圆小南瓜

湖南省蔬菜研究所培育的小果型中国南瓜一代杂种。早熟,果实为扁圆形,春季栽培播种至采收约110天,秋季栽培约95天。植株长势强,主蔓和侧蔓均可结瓜。嫩瓜果皮绿色。成熟瓜果皮橘黄色,果面光滑有蜡粉,果肉橙黄色,肉质致密,口感粉、甜、细腻。单果重1.3千克,每公顷产量为30～33吨。适宜在南方地区种植。

12. 棒棒蜜

小果型中国南瓜一代杂种。中熟,果实为短棒形,从出苗到采收约100天。植株长势强,主蔓和侧蔓均可结瓜。肉质紧密、细腻,果清香,口感粉、甜,品质佳。抗病性强,高抗白粉病。单果重2.5千克左右,爬地栽培平均每公顷产量为32吨。适宜在华南、华中、华北等地区种植。

13. 桂丰8号

广西壮族自治区农业科学院蔬菜研究所培育的中果型中国南瓜一代杂种。早熟,果实为梨形,春季栽培全生育期110～120天,秋季栽培全生育期100～110天。植株长势强,叶片上白斑多。果脐处稍微凸出,老熟瓜果皮橙黄色,无斑纹,果肉深黄色,肉质细腻,口感粉、甜,营养丰富,耐贮运。单果重2.0～2.5千克,爬地栽培平均每公顷产量为13.5～19.5吨,搭架栽培平均每公顷产量为22.5～37.5吨。高抗白粉病。适宜在华南地区春茬或秋茬露地栽培。

14. 北蜜2号

中国农业科学院蔬菜花卉研究所培育的中国南瓜一代杂种。

早熟，果实长梨形，植株蔓生，植株长势较强，主蔓和侧蔓均可结瓜。嫩瓜果皮深绿色带浅绿色的条纹，老熟瓜果皮黄褐色，瓜柄部位有 3～5 条绿色的细条带向瓜面延伸。口感较甜，品质好。单果重 1.5～2.5 千克，平均每公顷产量为 44 吨。适宜在北京地区种植。

15. 一串铃

湖南省衡阳市蔬菜研究所培育的中国南瓜一代杂种。早熟，植株蔓生，植株长势中等，叶片五角形，绿色，叶脉交叉处无白斑。雌花节位低，第一朵雌花着生于主蔓第 6～8 节。坐瓜能力强，主蔓上可同时连着坐瓜 2～4 个，抗病性较强。嫩瓜为圆球形，果皮深绿色，有绿白色点条状花纹，果肉为绿白色。老熟瓜为扁圆形，果皮黄棕色，果肉黄色，肉质致密。嫩瓜单果重 0.3～0.4 千克，老熟瓜单果重 1.8～2.0 千克。适应能力强，稀植和密植均可，可露地、棚架或塑料大棚栽培。

16. 云冠

云南省农业科学院园艺作物研究所培育的鲜食型南瓜新品种。植株蔓生，分枝强，主、侧蔓均可结瓜。果实为哑铃形，近果蒂端凹，果顶平，果面有均匀的纵棱。嫩瓜果皮表面有点状浅绿色斑纹；老瓜果皮橙黄色，表面有粉。嫩瓜果肉为淡绿色；老瓜果肉为橙黄色，肉厚，质地紧密细腻，口感清甜。嫩瓜单果平均重 1.0 千克，老瓜单果平均重 1.5 千克，最大能达到 2.5 千克。嫩瓜每公顷产量为 37.5 吨，老瓜每公顷产量为 22.5 吨。耐湿、耐热性较强，抗病性、适应性强。适宜在云南省海拔 1 500～2 200 米、温度 15～30℃区域设施及露地栽培。

17. 中瑞 1 号

中国农业科学院蔬菜花卉研究所培育的无蔓嫩食型中国南瓜品种。早熟，植株长势中等，无蔓，矮生。果实为扁球形，嫩瓜果皮深绿色，有淡绿色条纹，口感较脆、微甜。单果重 0.75～1.0 千克，适宜在北京地区种植。

18. 中瑞 2 号

中国农业科学院蔬菜花卉研究所培育的无蔓嫩食型中国南瓜品种。早熟，植株长势中等，无蔓，矮生。果实为扁球形，嫩瓜果皮浅绿色，有白色条纹，口感较脆、微甜。单果重 0.8～1.0 千克。适宜北京地区早春露地种植。

19. 黄狼南瓜

上海市地方品种，因果实形状像黄狼而得名，又称小闸南瓜。早熟，小型瓜，生长期 100～120 天。植株匍匐生长，生长势强，分枝多，主蔓粗，节间长。叶片心脏形，深绿色。果实为长棒槌形，略弯曲，顶部膨大，横卧地上。嫩瓜果皮为青黑色，老熟瓜果皮为橙红色，有白粉，无棱，稍有皱纹。果肉橙红色，肉厚，肉质细腻，味甜而糯。品质优良，耐贮存。单果重 1.5～2.5 千克，每公顷产量为 30～37.5 吨。适宜在长江中下游地区种植。

20. 大磨盘南瓜

北京市地方品种，因果实形状似磨盘而得名。蔓长 3 米左右，叶片为掌状，五角形或七角形，裂刻较浅。叶色浓绿，叶脉交叉处有白色斑点。果实为扁圆形，表面有 10 条纵沟。嫩瓜果皮为浓绿或墨绿色，老熟瓜果皮为棕红色，有浅色斑纹，表面有蜡粉。果肉橙红色，果肉腰部厚，近果柄及脐部较薄，肉质细，粉质，水分多，味道比较淡。单果重 3.5～5 千克，大的能达到 10 千克，每公顷产量为 37.5～52.5 吨。耐热，不耐涝，抗病性一般。

21. 无蔓一号南瓜

山西省农业科学院蔬菜研究所育成。植株无蔓，丛生，适宜密植。植株长势强，结瓜性能好，一株可结 3 个左右老瓜。果实为扁圆形。嫩瓜果皮深绿色；老熟瓜果皮棕黄色，果面光滑，有较深的纵沟。果肉杏黄色，接近果皮部分有绿边，肉厚，肉质甜、面。单果重 1.3 千克左右，耐贮存。每公顷产量为 45～60 吨。

22. 无蔓四号南瓜

山西省农业科学院蔬菜研究所育成。植株无蔓，丛生，适宜密植。植株长势强，结瓜性能好，一株可结 3～4 个老瓜。果实为扁圆形，嫩瓜果皮深绿色，有浅绿色条斑，老熟瓜果皮深黄色，带有黑色花斑。果肉杏黄色，近果梗部分有绿边，肉厚，肉质致密。单果重 1.2 千克左右。每公顷产量为 45～60 吨。

23. 云腿南瓜

云南省农业科学院园艺作物研究所培育的中国南瓜品种。定植后 60 天左右开始采收嫩瓜，全生育期 180 天左右。果实为长颈圆筒形，近果蒂端平，果顶凸，果面无纵棱。嫩瓜果皮为青绿色，表面有条状浅绿色斑纹。老熟瓜果皮为浅黄色，表面有粉，横切面圆形。嫩瓜果肉淡绿色；老熟瓜果肉橙黄色，肉厚，质地紧密、细腻，口感甜、糯。嫩瓜平均单果重 1.3 千克，每公顷产量为 52.5 吨；老熟瓜平均单果重 2.3 千克，每公顷产量为 42.75 吨。适应性强，耐热、耐湿，抗病性强。适宜在云南省海拔 1 500～2 200 米、温度 15～30℃区域种植。

24. 大粒裸仁南瓜

山西省农业科学院蔬菜研究所培育的肉籽兼用型南瓜品种。从播种到采收约 110 天。植株蔓生，叶面上有白色斑点。果梗与果实接触的地方扩大成梗座，果实为苹果状，果面棱沟很浅。嫩瓜果皮浅绿色带网纹，老熟瓜果皮赭黄色。果肉为深杏黄色，肉厚，肉质紧密，甜、面。单果重 2.0～3.0 千克，每公顷产量在 60 吨以上。耐贮藏，适应性强。可在全国各地种植。

25. 五月早南瓜

湖北省地方品种。早熟，春播育苗移栽后 60 天左右开始采收嫩瓜，秋播 45 天左右可采收嫩瓜。植株长势中等，植株蔓生，主、侧蔓可同时结瓜，单株结 8 个左右瓜。果实为圆形，表面光滑，嫩瓜果皮嫩绿色，果肉淡绿色，肉厚，以食嫩果为主，肉质细密、口感脆甜，单果重 600 克左右。老熟瓜果肉橙黄色，单果重 2.2 千克左右，老果水分多，不耐贮藏。

26. 十姐妹南瓜

浙江省杭州市地方品种。植株长势较强，以主蔓结瓜为主，因着生的雌花多而得名。果实长，略带弯曲，先端膨大，后部近果梗端细长。果皮粗糙，嫩瓜果皮为绿色，老熟瓜果皮为黄褐色，表面有蜡粉。果实为实心，果肉厚。有大果种和小果种两个品系，大果单果重 10 千克，小果单果重 3～4 千克。小果品质好，肉质致密，水分少，味甜。适合在长江中下游地区栽培。

27. 枕头南瓜

江西省景德镇市地方品种。植株蔓生，长势较强，分枝强。以主蔓结果为主，第一朵雌花着生于主蔓第 20 节左右，之后连续着生雌花或间隔 3～5 节着生雌花。叶片为心脏形，绿色，叶缘浅裂。果实为长筒形，中部略细，表皮光滑，表面有棱沟或花纹。果肉橙黄色，肉厚。单果重 7～8 千克，最大的可达 20 千克。果实淀粉含量高，甜而粉。每公顷产量在 30 吨左右，高产田可达 45 吨。

28. 糖饼南瓜

浙江省杭州市地方品种。早熟，果实为扁圆形。嫩瓜果皮为青绿色，老熟瓜果皮为橙黄色，表面有瘤状突起。以食嫩瓜为主，果肉柔嫩，有甜味，老瓜只能用作饲料。单果重 1.5～2 千克。

29. 癞皮南瓜

云南省地方品种。中晚熟，全生育期 180 天，植株长势中等。叶片肥大，五裂，似心形，深绿色，叶长。在第 13～17 节开始出现第一朵雌花，其后每隔 4～6 节再出现一朵雌花，坐果性极佳，一般每株可坐 5～6 个。果实为扁圆形，果实表面密生瘤状突起物，纵向排列，基部膨大。嫩瓜和老熟瓜果皮均为橘红色，种子少，味甜香，品质佳。单果重约 3 千克，高产的每公顷产量可以达到 60 吨以上。

30. 黄油南瓜

从美国引入的南瓜品种。早熟，果实为短柱形或细长圆柱形，顶部膨大。植株长势中等，叶色绿，叶缘圆，蔓细，分枝性较强。主、侧蔓均可结瓜，在主蔓第 12 节处着生第一朵雌花，侧蔓第 6～12 节处着生第一朵雌花。果皮呈黄色或乳黄色，果肉橙黄色，种子小且少，种腔小且集中于果实末端 1/6 到 1/3 处，肉质细密、粉、甜。单果重 1.0～4.5 千克，每公顷产量在 100 吨以上。耐贮运，贮期长达 180 天。除食用外，还可用作观赏南瓜栽培。

31. 柿饼南瓜

武汉市郊区地方品种。植株生长势强，蔓粗，在主蔓第15～25 节着生雌花。果实为扁圆形，高 13～15 厘米，横径 25～30厘米。老熟瓜果皮表面具绿色黄色相间的花斑，果肉黄色。单果重 5 千克左右，每公顷产量为 30～60 吨。

32. 叶儿三南瓜

江苏省地方品种。早熟。叶较小，蔓绿色。在主蔓第 7～8节开始着生雌花，雌花连续着生力强。果实为长圆筒形，嫩瓜果皮有白绿相间的条纹，老熟瓜果皮为橙红色。肉质粉，多以食用嫩瓜为主。单果重 2～3.5 千克，每公顷产量为 22.5～52.5 吨。

33. 雁脖南瓜

河北省地方品种。植株长势较强，分枝力中等。蔓匍匐生长，淡绿色。叶为心脏形，浅裂，叶柄中空。在主蔓第 15～18节着生第一朵雌花。果实头部较大，腹部细弯，形似雁脖。瓜长65 厘米，横径 10 厘米，表皮黄褐色带深绿纵条斑。果肉金黄色，果肉厚，味甜。仅果实头部较大处有少量种子。单果重 4 千克左右，大者可达 6～7 千克。每公顷产量为 37.5 吨左右。适宜在华北地区种植。

第二节　印度南瓜

印度南瓜又称作板栗南瓜、西洋南瓜、笋瓜，属于葫芦科（Cucurbitaceae）南瓜属（*Cucurbita*）。印度南瓜起源于南美洲的智利、秘鲁南部、玻利维亚及阿根廷北部，已经传播到世界各地。我国东北、华北、西北地区及云贵等地种植较多，东南沿海很少种植。印度南瓜不仅品质优良、外形美观、果肉粉面、营养丰富，还具有调节血糖、降低血压、抗氧化等保健功效。印度南瓜的果型有巨大、大、中、小型和微小型等，果皮颜色以红色和绿色为主，还有鲜黄色、淡黄色、橙黄色、黄色、橙红色、白色、翠绿色、墨绿色等颜色和条斑。印度南瓜有的品种以食用嫩瓜为主，有的品种是饲用、籽用兼用，还有形状各异、颜色多样、大小不一的观赏型印度南瓜。我国近年来从国外引入了一批以食用老熟瓜为主的印度南瓜小型果品种，国内育种者也选育出了适合我国地域条件的类似品种（图 2-1）。传统种植和引进、培育的印度南瓜新品种如下。

1. 碧栗 1 号

北京市农业技术推广站培育出的杂交一代种。早熟，果实发育期 45 天左右，果实为扁圆形，植株生长势中等，雌花多，连续结果性强，在第 7～10 节留第一个果，可连续结 3～4 个果，较抗白粉病。果皮深绿色，果面光滑有浅沟，覆 9～10 条暗灰绿色条带；果肉橙黄色，肉厚大约 2.0 厘米，可溶性固形物含量可达 9% 以上，品质好，粉质，有栗味。单果重大约 0.60 千克，每公顷产量为 22.5～30 吨。较耐低温，适宜北京地区春秋保护地和春露地种植。

2. 碧栗 2 号

北京市农业技术推广站培育出的杂交一代种。早熟，果实发育期 46 天左右，果实为扁圆形，植株生长势中等，在第 7～12

节留第一个果，每株留 1～2 个果，较抗白粉病。果皮深绿色，果面光滑有浅沟，覆 9～10 条暗灰绿色条带；果肉橙黄色，肉厚大约 2.8 厘米，可溶性固形物含量可达 9% 以上，品质好，粉质，有栗味。单果重大约 1.56 千克，每公顷产量为 30 吨左右。较耐低温，适宜北京地区春秋保护地和春露地种植。

3. 银栗

湖南省瓜类研究所选的小果型印度南瓜品种。早熟，果实扁圆形，全生育期 95～100 天，植株蔓生，长势强，抗逆性强，耐寒性、耐热性好。叶色浓绿，节间短，蔓较粗且硬。第一朵雌花着生在第 5～8 节，可连续出现雌花，连续坐果能力强。表皮呈银灰色且有灰绿色花斑，肉质厚、橙黄色，口感甜糯，似板栗。单果重 1.5～2.0 千克，每公顷产量为 22.5～30 吨。耐贮藏，栽培适应性广。

4. 龙鑫丹南瓜

广东省农业科学院蔬菜研究所选育的杂交一代种。早熟，果实扁圆形，果实发育期 35 天，植株长势强，抗病性较强，蔓生，坐果性强。果皮粉红色，肉色橘黄，口感粉，味甜，品质好，外形美观，兼具食用性和观赏性。单果重 1.0～1.5 千克，栽培条件好的情况下在 1.5 千克以上，每公顷产量为 20～30 吨。耐贮藏，栽培适应性广。

5. 香芋小南瓜

广东省农业科学院蔬菜研究所选育的杂交一代种。中早熟，果实为橄榄形，全生育期约 100 天，植株长势强，抗病性较强，单株可结 3～5 个果，坐果性强。果肉橙黄色，转色均匀，肉质细腻，肉厚 3～4 厘米，香芋味浓。单果重 1.5～2.0 千克，每公顷产量为 20～30 吨。耐运输，适应性广。

6. 红栗

湖南省瓜类研究所选育的红皮型印度南瓜一代杂种。早熟，果实扁圆形，全生育期 92 天，植株生长势强，耐低温、高温，对白粉病、病毒病抗性较强。第一朵雌花着生于第 3～7 节，可连续出现雌花，连续坐果能力强。果皮深红色，果实下部平滑，有 10 条纵列的浅红条纹。果肉橙红色，质粉味甜。平均单果重 1.2 千克，每公顷产量为 27 吨左右。抗逆性强，适应性广。

7. 短蔓京红栗

北京市农林科学院培育的栗面南瓜品种。密植型早熟品种，果实为扁圆形，开花到采收约 35 天，植株长势强，节间特别短，坐果集中。第一朵雌花着生在主蔓 10 厘米处，隔 2～3 节又可见雌花，单株可以坐果 3～4 个。果皮为橘红色，色彩艳丽；果肉橙红色，肉厚，肉质粉甜，口感好、营养价值高。还可作为观赏作物种植。单果重 1.5 千克，每公顷产量为 30 吨以上。比长蔓南瓜容易管理，适合我国南北方春秋季种植。

8. 短蔓京绿栗

北京农林科学院培育的短蔓笋瓜一代杂种。早熟，果实为厚扁圆形，全生育期 90 天，植株长势强，生长前期为矮生，节间缩短，第一朵雌花着生于第 8～10 节，可连续坐果。果皮深绿色覆绿色斑纹；果肉厚，橘黄色，肉质致密，口感甘甜、细面。单果重 1.2～1.5 千克，每公顷产量为 37.5 吨左右。适于春、秋露地或保护地栽培。

9. 中型贝贝

北京农林科学院培育的迷你南瓜杂交品种。中早熟，果实为厚扁圆形，全生育期 100～110 天，植株长势强，耐低温，雌花多，瓜码密，结瓜性好，产量高。果皮深绿色，光泽度好；果肉橘黄色，甘甜细面，口味佳。单果重在 700 克左右，每公顷产量为 37.5 吨左右。适合在春秋大棚及露地推广种植。

10. 京红栗

北京农林科学院培育的南瓜杂交品种。中早熟，果实为厚扁圆形，开花至采收 40 天左右，植株长势强，第一朵雌花在第 7～9 节，易坐果。果皮橘红色，颜色亮丽，果肉橘红色，肉厚，口感甘甜、肉质细面，具板栗香味，品质好。单果重2.0千克，每公顷产量为30吨左右。适合在春秋大棚及露地推广种植。

11. 京绿栗

北京农林科学院培育的南瓜杂交品种。中早熟品种，果实为厚扁圆形，开花至采收40天左右，植株长势强，第一坐果节位在8～12节，隔3～4节又坐1～2个果，易坐果，较抗病毒病。果皮深绿色，果肉厚、深黄色，口感甘甜、细面，品质佳。单果重2.0～2.5千克，每公顷产量为30吨左右。适合在春秋大棚及露地推广种植。

12. 京蜜栗

北京农林科学院培育的南瓜杂交品种。早熟，果实近圆形，开花至采收40天左右，植株长势强，第一朵雌花位于主蔓20厘米处，抗病性强，前期节间短，可密植。果皮深绿色，有浅棱沟，外观漂亮；果肉橘黄色，肉厚，味甜甘面，品质好。单果重2.0千克左右，每公顷产量为35～45吨。耐贮运。适合在春秋大棚及露地推广种植。

13. 迷你京绿栗

北京农林科学院培育的迷你南瓜杂交品种。极早熟，果实为厚扁圆形，开花至采收30天左右，植株长势强，一株可结3～5个果，较抗病毒病。果皮深绿色，果肉深黄色，肉厚，口感甘甜、细面，品质佳。单果重300～500克，每公顷产量为35吨左右。适合在春秋大棚及露地推广种植。

14. 吉祥1号

中国农业科学院蔬菜花卉研究所培育的早熟一代杂交种。早熟，果实为扁圆形，开花至采收40天左右，植株长势强，蔓生，主、侧蔓均可结果，抗逆性强。果皮墨绿色，带有浅绿色条纹及少量浅绿色斑点，口感甜面，营养物质含量丰富，品质好，可作特菜供应。单果重1～1.5千克，每公顷产量为35～40吨。适合在春秋大棚及露地推广种植。

15. 东升南瓜

台湾农友种苗公司育成的一代杂交种。早熟，果实为扁圆形，全生育期80～90天，植株长势强，分枝力强，第一朵雌花着生在主蔓第8～10节，主、侧蔓均结果，单株可坐果2～3个。果皮橘红色、色彩鲜艳，果肉橙黄色，粉质香甜，果硬肉厚，水分少，风味优秀，充分成熟时品质极佳，商品性好。单果重1.2～2.0千克，每公顷产量为22.5～30吨。适宜在春秋大棚及露地推广种植。

16. 甘红栗

甘肃省农业科学院蔬菜研究所培育的短蔓型印度南瓜。早熟，果实为扁圆形，全生育期90天左右，植株长势强，主蔓发达，第一朵雌花着生在主蔓第7～9节，之后每隔1～3节产生一朵雌花，可连续坐果2～3个，坐果能力强。果皮橘红色，有黄色辐射状条纹，果肉橘黄色，色泽鲜亮，肉质致密，口感甜糯、粉质。单果重1.0千克左右，每公顷产量为37.5吨左右。抗白粉病和病毒病。适宜春季露地和保护地栽培。

17. 津蜜栗

天津科润蔬菜研究所选育的印度南瓜。中熟，果实为纺锤形，全生育期约125天，植株长势中上等，茎蔓生，第一朵雌花着生在主蔓第15节左右，之后每隔5～7节出现一朵雌花。嫩瓜果皮为深绿色；成熟瓜果皮为灰绿色。果肉黄色，肉质粉糯、细腻，较甜，口感似板栗。单果重2.5千克，每公顷产量为52吨左右。抗白粉病，较耐寒。适宜在北方大棚或露地栽培。

18. 瑞红一号

江苏丘陵地区镇江农业科学研究所培育的印度南瓜杂交品种。中早熟，果实为扁圆形，全生育期100～110天，植株长势强，长蔓型，叶色深绿，第一朵雌花着生于第9～10节，以后每隔3～4节再生一朵雌花，也有连续着生雌花的现象，坐果能力强，主、侧蔓均可坐果。果皮橘红色，果肉橙红色，肉质粉糯、香甜。单果重 1.1~1.4 千克，每公顷产量约为 22.5 吨。抗逆性强，耐高温。适于露地栽培和保护地栽培。

19. 福贵

福建省三明市农业科学研究所选育的板栗型南瓜品种。早熟，果实为扁圆形，春季栽培从定植到采收仅需 45~50 天，植株长势强，第一朵雌花着生于主蔓第 8~10 节，坐果能力强，单株可坐果 4~6 个。果皮深绿色有白色浅沟，果肉橙黄色，老熟果肉质细密，粉而甜。单果重 0.8~1.2 千克，每公顷产量为 22.5~30 吨。抗逆性中等。适宜在华南、长江流域栽培。

20. 锦绣

上海市动植物引种研究中心选育的印度南瓜杂交品种。早熟，果实为厚扁球形，春播从开花到果实成熟需 38 天，植株长势强，第一朵雌花着生于第 4~6 节，早春低温、弱光条件下易坐果，单株可坐果 3~5 个。果皮金红色，覆乳黄色棱沟，色泽鲜艳，果肉橙红色，肉厚，肉质粉糯、香甜。单果重 1.3 千克，每公顷产量为 22.5~37.5 吨。适宜春秋两季保护地或春播露地栽培。

21. 锦华

上海市动植物引种研究中心选育的印度南瓜杂交品种。中早熟品种，果实为扁球形，全生育期 100~110 天，植株长势强，单株可坐果 2~3 个，连续坐果能力强。果皮墨绿色，覆灰绿色棱沟，果肉橙红色，肉厚，肉质粉糯、香甜、品质极佳。单果重 1.2~1.5 千克，每公顷产量为 22.5~37.5 吨。抗逆性强，耐低温，同时较耐高温。适宜春秋两季保护地或春播露地栽培。

22. 翠栗 2 号

浙江省绍兴市农业科学研究院选育的印度南瓜杂交品种。早熟，果实扁圆球形，早春大棚栽培全生育期 160 天左右，开花后 15 天即可采摘，春季露地栽培全生育期 100 天左右。植株长势强，第一朵雌花着生于第 8～10 节，坐果性较好。嫩瓜果皮绿色，有灰斑及白色条斑；老熟瓜果皮暗绿色有白色条斑。嫩瓜果肉糯、粉；老瓜果肉深黄，粉、甜。老瓜单果重 1.0 千克左右，早春大棚栽培，每公顷嫩瓜产量为 52.5 吨左右，春季露地栽培，每公顷嫩瓜产量为 22.5 吨左右。适宜春秋两季保护地或春播露地栽培。

23. 皇冠

南瓜杂交品种。早熟，果实厚扁圆形或扁圆，开花至采收 40 天左右，植株长势强，单株雌花多，可结 2～3 个果。果皮浅黄色底带深橘黄色条纹，外观漂亮。果肉淡黄色，肉厚约 2.5 厘米，口感甘甜细面。皇冠是集观赏和食用价值于一体的优良品种。单果重 1.0～1.5 千克，每公顷产量为 30 吨左右。适合在春秋大棚及露地推广种植。

24. 迷你皇冠

迷你南瓜杂交品种。早熟，果实厚扁圆形或扁圆，开花至采收 40 天左右，植株长势强，单株可结 4～5 个果。较抗病毒病。果皮浅黄色底带深橘黄色条纹，外观漂亮。果肉淡黄色，肉厚，口感甘甜细面，品质佳。迷你皇冠可观赏和食用。平均单果重 200 克，每公顷产量为 35 吨左右。适合在春秋大棚及露地推广种植。

25. 迷你金冠

迷你南瓜杂交品种。早熟，果实厚扁圆形或扁圆，开花至采收 40 天左右，植株长势强，瓜码密，单株可结 4～5 个果。果皮金黄色，外观漂亮，果肉淡黄色，口感甘甜细面。迷你金冠可观赏和食用。平均单果重 200 克，每公顷产量为 35 吨左右。适合在春秋大棚及露地推广种植。

26. 贝贝

从日本引进的迷你南瓜杂交品种。中早熟，果实厚扁圆形，开花后 45 天左右可收获。植株长势较强，易产生侧枝，抗早衰，采收期长，连续开花结果能力强，且坐果率较高，单株结果达10个以上。果皮黑绿色带浅绿色条纹，外观漂亮，果肉橙黄色，强粉质，口味特佳，品质好。平均单果重 400～500 克，每公顷产量为 40～45 吨。适合在春秋大棚及露地推广种植。

27. 黑贝

迷你小南瓜杂交品种。中早熟，果实厚扁圆形，开花后 45 天左右可收获，植株长势稳健，极易坐果，较抗病毒病。单株可结 8～10 个果。果皮深绿色，果肉橘黄色，肉厚，口感甘甜细面，品质佳。耐贮运，可长时间贮藏且果皮不易褪色。单果重 500 克左右，每公顷产量为 40 吨左右。适合在春秋大棚及露地推广种植。

28. 贝栗美

迷你小南瓜杂交品种。中早熟，果实厚扁圆形，开花后 45 天左右可收获，植株长势稳健，第一朵雌花着生于第 12～15 节，每株可坐果 8～10 个。抗逆性强，耐低温、高湿。果皮浅绿色带有银白色花斑，果肉蛋黄色带甜味，持粉能力可长达 1 个月以上。收获贮藏后糖度上升，即使贮藏 2～3 个月也能保持美味，长期贮藏后果皮会逐渐转红色，质粉味甜。单果重 500～700 克，每公顷产量为 40 吨左右。适合在春秋大棚及露地推广种植。

29. 李白

南瓜杂交品种。中早熟，果实厚扁圆形又近似桃形，全生育期 100～110 天，植株长势强健，叶片大，每株可坐果 2～3 个。果皮白色隐约有绿条纹，果肉乳白色、粉质，兼顾口感和观赏性。单果重 2.5～3.5 千克，每公顷产量为 30 吨左右。耐贮运。适合在春秋大棚及露地推广种植。

30. 强栗

南瓜杂交品种。早熟，果实扁圆形，开花至采收 40 天左右，植株长势强，蔓生，每株可坐果 2～3 个，坐果性好。果皮深绿色，有浅绿色花斑。果肉橙黄色，肉厚，粉质强，口感细腻。单果重1.7千克，每公顷产量为35吨左右。耐贮运，贮藏后糖度高。适合在春秋大棚及露地推广种植。

31. 香久王

南瓜杂交品种。早熟，果实扁圆形，开花至采收40天左右，植株长势强，茎蔓生长强，每株可坐果5～6个，坐果性好。低温坐果性好、高温条件下也容易坐果，成品率高，抗病性强，不容易发生白粉病。果皮墨绿色，果肉淀粉含量高，口感细腻。单果重2千克左右，每公顷产量为40吨左右。耐贮运。适合在春秋大棚及露地推广种植。

32. 锦福

南瓜杂交品种。中早熟，果实扁圆形，开花后50天可以收获，植株长势强，茎蔓生长旺，耐热性、耐寒性好，每株可坐果2～3个，易坐果，抗白粉病。果皮墨绿色，肉质橙黄色，肉厚且致密，甜味高，口感好。单果重1.8千克左右，每公顷产量为35吨左右。耐贮运。适合在春秋大棚及露地推广种植。

33. 味皇

南瓜杂交品种。中早熟，果实扁圆形，开花后45～50天可以收获，植株长势强，茎蔓生长旺、蔓粗壮，耐热性、耐寒性好，耐倒伏性强，白粉病发生少，坐果性好。果皮黑绿色，肉质强粉质，甜味足。单果重1.8～2.0千克，每公顷产量为35～40吨。耐贮运。适合在春秋大棚及露地推广种植。

34. 栗子

南瓜杂交品种。中早熟，果实大型、扁圆形，开花后50天左右为收获适期，植株长势强，低温生长性好，坐果率高。果皮暗绿色带灰色斑点，果肉浓黄色，肉厚，有独特风味，略带黏性，口味佳。果实整齐度高。栗子是适宜加工和炒食的高产品种。单果重2.0千克左右，每公顷产量为40吨左右。耐贮运。适合在春秋大棚及露地推广种植。

35. 味佳

南瓜杂交品种。中熟，果实扁圆形，开花后 55 天左右即可收获，植株长势中等，坐果性稳定。果皮深绿色，不易褪色；果肉黄色，强粉质，口味佳。单果重 2.0 千克左右，每公顷产量为 40 吨左右。贮藏性好。适合大面积粗放式栽培管理。

36. 栗丰

南瓜杂交品种。中早熟，果实扁平形，开花后 50 天左右即可收获，植株长势强，坐果性好。果皮深绿色，果肉黄色、强粉质，糖度稳定，口感好。单果重 1.8～2.0 千克，每公顷产量为 35～40 吨。贮藏性非常好。适合在春秋大棚及露地推广种植。

37. 糯蜜栗

杂交印度南瓜新品种。中早熟品种，果实高圆，开花后45～50 天可以收获，植株长势强。果皮带有绿色花斑，果肉橙黄色，肉厚，粉质高，糖度大。单果重 1.5 千克左右，每公顷产量为 30 吨左右。适合在春秋大棚及露地推广种植。

38. 贵族南瓜

杂交印度南瓜新品种。早熟，果实纺锤形，两头尖，中间圆，从开花到收获需 40 天左右，瓜柄木质化后就可以进行采收，植株长势强，单株坐果 2～3 个。果皮青灰色，果肉橘黄色，口感粉糯香甜，类似于栗子的味道，却比栗子更粉甜。单果重 2～3 千克，每公顷产量为 30 吨左右。适合在春秋大棚及露地推广种植。

39. 红箭贵族南瓜

杂交印度南瓜新品种。早熟，果实纺锤形，两边尖，中间粗，从开花到收获需 40 天左右，瓜柄木质化后就可以进行采收，植株长势强，单株坐果 2～3 个。果皮粉红色，果肉橙黄色，口感干面、细腻。单果重 2～3 千克，每公顷产量为 30 吨左右。适合在春秋大棚及露地推广种植。

40. 红粉佳人

南瓜杂交品种。中熟，果实扁圆形，授粉后 50 天左右可收获，植株长势强，单株坐果 2～5 个。果皮粉红色，种腔橙黄色，肉质致密、偏粉、香味浓。果实一致性及商品性好。单果重 1.5～2 千克，每公顷产量为 30～35 吨。适合在春秋大棚及露地推广种植。

41. 银世界

南瓜杂交品种。中熟，果实为扁圆形，授粉后 50 天左右可收获，植株长势强，第 5～6 节位开始出现雌花，坐果稳定。果皮灰白色，硬度好，不易擦伤，较耐日灼，果肉浓黄色，肉厚，完全成熟后强粉质。丰产性稳定，采收后 3 周左右糖分积累最高，有板栗的香甜味，商品性佳，贮藏性好，耐逆性强。适宜南北方露地及保护地多季栽培。

42. 早生赤栗

南瓜杂交一代种。早熟，外形整齐美观，品质超群。全生育期 80 天，生长势强，喜冷凉，耐白粉病，每株可结果 2～3 个，连续坐果性好。果皮金红色，艳丽夺目，果肉橘黄，肉厚质粉，甘甜可口，栗味清香浓郁。单果重 1.5 千克左右，平均每公顷产量为 30 吨。适宜南北方露地及保护地多季栽培，露地春作 3 月播种，每公顷定植 9 000 株，1～2 蔓整枝，人工辅助授粉坐果率高。

43. 北京甜栗

南瓜杂交一代种。早熟，外形整齐美观，品质超群。全生育期 80 天，生长势强，喜冷凉，耐白粉病，每株可结果 2～3 个，连续坐果性好。果皮绿色，肉厚质粉，甘甜可口，板栗香味。单果重 1.5 千克左右，平均每公顷产量为 30 吨，极耐贮运。适宜南北方露地及保护地多季栽培，露地春作 3 月播种，每公顷定植 9 000 株，1～2 蔓整枝，人工辅助授粉坐果率高。

碧栗1号　　　　　　　　碧栗2号

贝贝　　　　　　　　贝栗美

黑贝　　　　　　　　银栗

迷你小南瓜（黄迷你、白迷你、橘迷你）

龙鑫丹南瓜

香芋小南瓜

红粉佳人

中型贝贝

红箭贵族南瓜

贵族南瓜

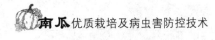

栗福 锦福

香久王 强栗

李白 味平

糯蜜栗　　　　　　　　　　北京甜栗

图 2-1　印度南瓜

第三节　籽用南瓜

近年来，籽用南瓜的效益较好，有些地区籽用南瓜生产加工已成为一项主导产业，形成了一定规模，很多农户靠种植南瓜、加工销售南瓜籽（一般是白瓜籽）发家致富。

1. 金辉一号南瓜

东北农业大学园艺学院育成的籽用型南瓜。中晚熟，生育期120天。植株生长势强，无杈率较高，第一朵雌花着生于主蔓第8～10节。果实为圆形。老熟瓜果皮为橘红色，单果重10千克左右，瓜籽雪白色，籽宽1.2厘米左右，籽长2厘米左右。抗病性较强。单果产籽300～400粒，百粒重为28克以上，每亩[①]产瓜籽75～85千克。

2. 无杈南瓜

黑龙江省桦南白瓜籽集团选育的籽用型南瓜。中熟，从播种

---

① 亩为非法定计量单位，1亩＝1/15公顷，下同。——编者注

到采收 110 天。植株长势中等，分枝能力弱，叶色灰绿色，第一朵雌花着生于第 10 节左右。果实以扁圆形为主，纵径 17 厘米，横径 23 厘米。老熟瓜果皮为灰绿色，单果重 2.5～3.5 千克，瓜籽雪白色，籽长 2.0 厘米，籽宽 1.2 厘米。抗病性中等。单果产籽 200～300 粒，百粒重为 35 克，每亩产瓜籽 65～90 千克。

3. 东选 1 号南瓜

东北农业大学园艺学院育成的籽肉兼用型品种。中早熟，从播种到采收 110 天。植株长势中等，分枝能力中等，第一朵雌花着生于第 8～10 节。果实为扁圆形，纵径 15 厘米，横径 22 厘米。老熟瓜果皮为灰色，单果重 2.5～3.5 千克。瓜籽雪白色，籽长 2.0 厘米，籽宽 1.2 厘米。抗病性较强。单果产籽 250～350 粒，百粒重为 32 克，每亩产瓜籽 75～90 千克。

4. 银辉 1 号

东北农业大学园艺学院选育的籽用南瓜品种。中熟，从播种到采收 110 天。植株生长势中等，分枝能力中等，叶色深绿，第一朵雌花节位在主蔓第 8～10 节。果实为扁圆形。老熟瓜果皮为灰色，单果重 2.5～3.5 千克。瓜籽雪白色，籽长 2.0 厘米，籽宽 1.2 厘米，单果产籽 250～350 粒，百粒重为 32 克，每亩产瓜籽 60～75 千克。

5. 东引 1 号南瓜

东北农业大学从俄罗斯引进的籽肉兼用型品种。晚熟，从播种到采收 120～130 天。植株长势强，分枝能力强，第一朵雌花着生于主蔓第 12 节左右。果实为扁圆形或高扁圆形，纵径 25～30 厘米，横径 25～35 厘米。老熟瓜果皮颜色为橘红色，单果重 7.5～15 千克。瓜籽雪白色，种皮薄，籽长 1.8 厘米，籽宽 1.15 厘米。抗病性强。单果产籽 300 粒左右，百粒重为 27 克，每亩产瓜籽 75～125 千克。

6. 齐南 1 号南瓜

黑龙江省齐齐哈尔市园艺研究所育成的籽用型品种。中晚熟，从播种到采收 120 天左右。植株长势强，分枝能力较强，叶色浅绿，第一朵雌花着生于主蔓第 10～12 节。果实为高扁圆形，纵径 24 厘米，横径 26 厘米。老熟瓜果皮颜色为橘红色，单果重 3.5～4.5 千克。瓜籽雪白色，籽长 1.8 厘米，籽宽 1.15 厘米。抗病性较强。单果产籽 250～350 粒，百粒重为 28 克，每亩产瓜籽 70～90 千克。

7. 梅亚雪城 1 号南瓜

黑龙江省富锦市梅亚种业有限公司育成的籽用型品种。早熟，生育期 104 天，植株生长强健，分枝能力弱，叶缘浅裂，第一朵雌花着生于主蔓第 6～8 节。果实为扁圆形。嫩瓜果皮有 10 条白条带，老熟瓜果皮为银灰色，果肉橘黄色。单果重 3 千克。瓜籽雪白色，籽宽 1.2 厘米，籽长 2.2 厘米。单果产籽 250 粒，百粒重为 38 克，平均每亩产瓜籽 83 千克。耐低温，耐干旱，抗花叶病毒。

8. 梅亚雪城 2 号南瓜

黑龙江省富锦市梅亚种业有限公司育成的籽用型品种。早熟，生育期 105 天，植株生长势强，分枝能力弱，花粉活力强，易坐果，第一朵雌花着生于主蔓第 9～10 节。果实为圆形。果皮为银灰色。瓜籽雪白，籽宽 1.2 厘米，籽长 2.2 厘米。抗病毒病，耐白粉病。单果产籽 300 粒，百粒重为 36.5 克，平均每亩产瓜籽 90 千克。

9. 美国大月亮

从美国引入的籽用南瓜品种，印度南瓜类型。晚熟，从播种到采收 130～140 天。植株生长势强，分枝能力强，蔓长，叶片大，茎蔓粗，以主蔓结瓜为主。果实为圆形或长扁圆形。嫩瓜果皮为暗绿色，老熟瓜果皮为橘红色，果面有纵棱沟，无蜡粉，色泽光亮。单果产籽 300～400 粒，百粒重为 50 克，耐贮藏。

10. 甘南 1 号南瓜

黑龙江省甘南县向日葵技术服务中心育成的籽用型品种。中熟，从播种到采收 110～120 天，植株长势较强，分枝能力较强，叶片绿色，第一朵雌花着生于主蔓第 10 节左右。果实为扁圆形，纵径 20 厘米，横径 24 厘米。老熟瓜果皮为灰绿色，单果重3～4千克。瓜籽雪白色，籽长 2.0 厘米，籽宽 1.2 厘米。单果产籽250～300 粒，百粒重为 30 克，每亩产瓜籽 65～90 千克。

11. 鸡西面瓜

鸡西地方品种。菜籽兼用型南瓜品种，印度南瓜类型。中晚熟，从播种到采收 105～110 天，植株生长势强，分枝能力中等，叶色深绿，第一朵雌花节位在主蔓第 14～16 节。果实为扁圆形或高圆形，纵径 17 厘米，横径 21 厘米。老熟瓜果皮为灰绿色，单果重 1.5～4.0 千克。瓜籽雪白色，籽长 2.4 厘米，籽宽 1.3厘米。单果产籽 200～250 粒，百粒重为 20～25 克。

第四节　其他南瓜

一、观赏南瓜

观赏南瓜为葫芦科南瓜属一年生蔓性草本植物，又称作玩具南瓜。因其瓜形奇特、瓜色丰富多彩而极具观赏价值，特别适合城镇附近种植，供旅游参观及出售玩具南瓜。观赏南瓜主要包括果形新奇、果色美丽可爱、观赏性强的小南瓜和西葫芦等，是发展观光旅游农业的首选栽培种类（图 2-2）。观赏南瓜系列品种有金童、玉女、鸳鸯梨、银碟 1 号碟形瓜、瓜皮、东升、多翅瓜、京乐 101、仙姑、龙凤飘、佛手、飞碟瓜、福禄寿、疙瘩、白蛋、青栗、桠柑、桔瓜、珍珠、丑小鸭、巨型南瓜等，种植者最好购买其混合装的种子进行混合种植，种出来的南瓜花样多，观赏效果好，产品也容易出售。

1. 金童与玉女

金童又称作玩具瓜。植株长蔓型，株幅小，主、侧蔓均可结果，易坐果，早熟。果实扁圆球形，有明显的棱纹线，果实小巧可爱，果实纵径 5～6 厘米，横径 7～8 厘米，单果重 100 克左右。嫩瓜墨绿色、绿色、白色，其对应的老熟瓜颜色分别为橙黄色、黄色、浅黄色。只作观赏用，观赏价值较高。

玉女又称作白色迷你。植株长蔓型，株幅小，主、侧蔓均可结果，易坐果，早熟。果实扁圆球形，棱纹突起明显，果实纵径5～6 厘米，横径 7～8 厘米，单果重 100～200 克。嫩瓜浅白色，老熟后雪白色，形似大蒜头，硬度大，极耐贮藏。只作观赏用，观赏价值极高。

金童与玉女同栽，常被美称为"金童玉女"。

2. 鸳鸯梨

又称作玲珑。植株长蔓型，株幅较小，主、侧蔓均可结果，一般每株结果 3～5 个，早熟性好，坐果力强，连续坐果性好。果实梨形，纵径 10 厘米左右，横径 5～7 厘米，底部为绿色，上方为金黄色，并有淡黄色纵纹相间，呈现明显黄绿双色，非常别致美观。单果重 100 克左右。

3. 银碟 1 号碟形瓜

西北农林科技大学园艺学院选育的一代杂种。早熟，播种后45～50 天开花。植株矮生，长势强，主蔓结果，侧枝少。叶片绿色。果实为飞碟状，果皮颜色乳白色，节成性强，可连续采收，果实色味俱佳，品质优。耐寒、耐病。适宜各类保护地冬春季种植。

4. 瓜皮

果实为扁球形小果，果皮为绿白条纹相间，像西瓜皮，果径4～6 厘米，果高 4 厘米左右，每株挂果 5～10 个，以主蔓结果为主。单果重 80 克，果肉淡黄色，肉厚 1～2 厘米，观赏性强。耐贮藏。

5. 东升

又称作红栗、红英、红灯笼等。早熟，果实扁球形，植株长蔓型，株幅中等，主蔓结果，易坐果，果皮金红色，俗称"金瓜"。果肉厚，呈橙色，果肉既粉又香甜，风味好。单果重 1 400 克左右。老熟瓜能久贮，可作为艺术品装饰用，兼具食用和观赏价值。近年来栽培面积不断增大。

6. 多翅瓜

一年蔓生草本，喜湿润，不耐旱。果实上部分为黄色，下部长有 5 对翅，果高 15 厘米左右，形状奇特，极具观赏价值。发芽温度为 18～25℃，生长适宜温度为 15～35℃，播种到观赏约 70 天。

7. 京乐 101

北京农乐蔬菜研究中心选育的早熟一代杂种。播种后 50～55 天开花，植株矮生，叶片绿色，植株长势强，主、侧蔓结果，节成性强，可连续采收。果实为飞碟状，果皮为橘红色，果实色味俱佳，品质优。耐寒、耐病。适宜各类保护地冬春季种植。

8. 仙姑

早熟，植株长蔓型，株幅较小，易坐果。果实梨形，纵径 18～20 厘米，横径 16～18 厘米，单果重 1 000～1 500 克。果皮颜色为宽黄带与宽绿斑相间的花斑色，粉质含量高，观赏价值一般，适合食用。

9. 龙凤飘

又称作麦克风。中早熟，植株长蔓型，株幅较小，主、侧蔓均可结果。果实弯曲如汤匙，其果实底部为圆形，有可握式长柄，形态如麦克风，因而得名。果实纵径 15 厘米，横径 6～9 厘米，单果重 150～200 克。一般其果实底部为绿色，上部为黄色，并有淡黄色条纹相间，果实也有全黄或全绿的情况。只作观赏用，观赏价值极高。

10. 佛手

又称作皇冠。早熟，植株长蔓型，株幅较大，主、侧蔓均可结果。果实形状怪异，底部有 10 个凸出的小角，似手指、似皇冠，因而得名，果实上部呈筒状，较平。果实纵径 8～10 厘米，横径 10～12 厘米，单果重 250～450 克。嫩瓜果皮为乳白色，老熟瓜为橙黄色或黄色。果实耐贮性好，只作观赏用，观赏价值极高。

11. 飞碟瓜

从国外引进的新型特菜，果实为扁平圆形，边缘有数量不等凸起，似飞轮，似飞碟，甚为好看，具有食用与观赏多种用途。播种到观赏约 50 天，植株矮生或半蔓生，叶片绿色，植株长势较强，节成性强，可连续采收，主、侧蔓结果。果皮有乳白色、淡黄色、绿色，果实色味俱佳，品质优。由于风味佳，炒菜、做汤、做馅均可。耐寒、耐病。适宜各类保护地冬春季种植。

12. 福禄寿

别名香炉瓜、五福瓜、灯笼瓜、五彩瓜等。中晚熟，播种到结果约 60 天，葫芦科南瓜属一年生蔓性植物，植株长蔓型，株幅大，一般主蔓结果，结果少，花雌雄同株。果形较大，果实为帽形，上圆下方，果实底部呈小包凸起，形似香炉之"脚"。果实上方为橘黄色，下方为白色或灰绿色，或呈现出黄、绿、白条带状相间的颜色，颜色丰富多彩。单果重 1 500～3 000 克，观赏期长，耐贮性好，还可于果实上部刻字或刻画吉祥图案以供观赏，观赏价值极高，亦可食用。

13. 疙瘩

因果面有较明显的疣状突起而得名，一年生蔓性草本。中熟，播种到结果约 90 天。果实为圆形或梨形，由于其果实形状、大小、颜色有多种表现，因而有多个品种名称，如大花脸、牵手、大团圆、子孙满堂、七彩球、橘灯、金绣球、金色年华、金星宴等。植株长蔓型，株幅较大，雌雄同株，主、侧蔓均可结果。老熟瓜颜色以金黄色为主，并有橙红色、绿色相间，单果重 50～300 克，耐贮性好，是一种只供观赏的玩具型小南瓜。

14. 白蛋

植株长蔓型，株幅较小，主、侧蔓均可结果，早熟。果实形如鹅蛋，乳白色，果面光滑。果实纵径 10～18 厘米，横径 7～10 厘米，单果重 150～200 克，只作观赏用，观赏价值较高。

15. 青栗

又称作大吉、一品、板栗青、东英、墨锦、梅亚蜜缘等。植株长蔓型，株幅中等，较早熟，主蔓结果，易坐果。果实扁圆球形，纵径 12～14 厘米，横径 14～16 厘米，单果重 1 000 克左右。幼瓜为绿色，老熟瓜为墨绿色，具 10 条灰绿色条带。

16. 桠柑

早熟，植株长蔓型，株幅中等。果实卵形，纵径 5～8 厘米，横径 8～10 厘米，单果重 100～150 克。果皮颜色似柑橘，金黄或橙黄色。只作观赏用，有较高的观赏价值。

17. 桔瓜

中熟，植株长蔓型，株幅中等。果实扁圆形，纵径 10～15 厘米，横径 8～10 厘米，单果重 200～250 克。果皮为黄色，果面具有 10 条纵向的橙红色棱沟，似瓣状，具有很高的观赏价值和食用价值。

18. 珍珠

又称作黑珍珠、地雷瓜。早熟，植株矮生，株型紧凑，易坐果，每株结果 5 个左右。果实圆球形，果面光滑，果实直径 10 厘米左右，果皮为墨绿色，单果重 200～500 克。适合盆栽观赏，如珍珠落玉盘，观赏价值一般，也可以食用。

19. 丑小鸭

植株长势一般，叶片中等，每株结果 8～10 个。果实为佛手果形，横径 8～10 厘米，长 12～15 厘米；果皮颜色有白色、黄色、黄绿相间、橙绿相间、奶白色和绿色相间等。单果重 150 克。形状多样，但是整体形象酷似小鸭子，所以起名丑小鸭。

20. 巨型南瓜

晚熟，植株长蔓型，坐果数量少。果实为磨盘状或短圆柱状，果皮为灰黄色或橙黄色，果面光滑并有宽棱沟，果实直径达

50～100 厘米，单果重 50 千克以上。可于果面上写诗、作画等，其果形巨大，非常引人注目。除作观赏外，也可作为牲畜饲料，由于其品质差，一般不适合人食用。

陀螺形　　　　　　　　　　疙瘩

佛手形　　　　　　　　　　钟形

皇冠形　　　　　　　　　　丑小鸭

子孙满堂

多翅瓜

香炉瓜

巨型南瓜

图 2-2 观赏南瓜

二、砧木南瓜

1. 黑籽南瓜

一年生或多年生草本，果实为短圆筒形或椭圆形，植株蔓生（图 2-3）。植株长势较强，分枝能力中等。根系发达，茎蔓五棱形，质硬。叶片近圆形，其正面叶脉处有白斑。果皮深绿，有浅绿色斑，坚硬。果肉白色，粗纤维多。种子近圆形，种皮黑色，当年采收的种子发芽率低（40%左右），休眠明显。植株耐低温，抗枯萎病。幼苗子叶硕大，下胚轴粗，便于嫁接操作。黑籽南瓜是目前我国黄瓜、西葫芦日光温室栽培的主要砧木品种。

2. 南砧 1 号

辽宁省熊岳农业学校（现为辽宁农业职业技术学院）选育的砧木品种。美洲南瓜类型。果实为扁圆形（图 2-3），与西瓜亲和力强，植株生长健壮，高抗枯萎病，高产，嫁接成活率高。老熟瓜果皮为红绿相间的花纹。单果产籽 300～400 粒，种皮黄白色，千粒重为 250 克左右。结瓜初期常出现叶片黄化的不亲和植株，瓜品质一般，应用时应慎重。

3. 壮士

台湾农友种苗公司选育的砧木品种。中国南瓜类型。根部抗枯萎病，吸肥吸水能力强，耐低温，嫁接亲和性好，适宜作西瓜、甜瓜、苦瓜、黄瓜的砧木。

4. 新土佐

中国南瓜和印度南瓜的杂交一代种。生长健壮，分枝能力强，耐热。茎细，具韧性。叶心脏形，全缘，其正面叶脉处有白斑。果实为圆球形，果皮为墨绿色，兼有浅绿色斑点，表面有棱及瘤状突起。种子淡黄褐色。主要用作西瓜、黄瓜和甜瓜的砧木。

黑籽南瓜　　　　　　　　　　　南砧1号

图 2 - 3　砧木南瓜

第三章
南瓜水肥管理技术

第一节　南瓜的科学施肥

一、肥料的种类

1. 有机肥料

有机肥料是指以植物和（或）动物为主要来源，经过发酵腐熟的含碳有机物料的统称，是农业生产中的重要肥源，其养分全面，肥效均衡持久，既能改善土壤结构、培肥改土，促进土壤养分的释放，又能供应、改善作物营养，具有化学肥料不可替代的优越性，对发展有机农业、绿色农业有重要意义。有机肥在给南瓜提供全面营养、刺激南瓜生长、提高南瓜抗旱耐涝能力、促进土壤微生物繁殖、改良土壤结构、增强土壤的保肥供肥及缓冲能力、提高肥料利用率等方面发挥着重要作用。

在南瓜生产过程中要针对南瓜生长需要施用相应的有机肥。按照农学上一次施用的最大增产效应，南瓜种植季有机肥的推荐量一般是 4.0～5.0 吨/亩，但同时应考虑环境压力和多年累积效益，这个推荐量可适当下调，如果超过推荐阈值，会带来生长抑制。不同土壤的物理、化学和生物状况不同，土壤养分转化性能及土壤保肥性能不同，致使施入有机肥的作用不同，因此，南瓜种植年限或菜田状况不同，有机肥推荐种类和数量不同（表 3-1）。

表 3-1   不同种植年限或菜田状况有机肥推荐施用种类及施用量

菜田状况	新菜田或过沙、过黏、盐渍化严重的菜田	2~3年新菜田	大于5年老菜田	
有机肥选择	高碳氮比（C/N）的堆肥	粪肥、堆肥	堆肥	粪肥+秸秆
推荐量（吨/亩） 设施	5~7	4~5	2~4	2+2
推荐量（吨/亩） 露地	3~4	2~3	1~2	1+2

　　有机肥中超过50%的氮素为有机氮，需经过矿化释放出无机氮才能被作物吸收利用。因此，合理的有机无机肥料配施才是确保南瓜和其他作物优质高产及在生态环境友好和集约化生产条件下农业可持续发展的最佳施肥策略。即根据作物目标产量和土壤肥力状况（土壤检测结果），计算出作物所需的总养分量，然后结合地块状况、培肥地力目标，推荐有机肥用量，并计算出有机肥所能提供的有效养分，之后从作物生长需要的总养分量里扣除有机肥提供的养分，不足的养分通过化肥来补充，最终确定有机、无机肥料的最佳施用量及最佳施用比例，实现耕地培肥和南瓜生产增产、增效。

　　在南瓜生产中，有机肥施用一般以作基（底）肥为主，也可以作为早期追肥施用，采用均匀撒施翻耕、条施或沟施，要注意防止肥料集中施用而发生烧苗现象，根据田间实际情况确定用量。另外，有机肥的来源多样，不同原料的有机肥，养分有效性差异明显，施用时间也不同，原则是缓效的有机肥适于作底肥，速效的有机肥则适合于南瓜的关键需肥期进行追肥。一般施用量大、养分含量低的粗有机肥适合作基肥，含大量速效养分的液体有机肥和有些腐熟好的有机肥可作追肥。注意粪肥施用时要充分发酵腐熟，最好通过生物菌沤制，未完全腐熟的粪肥中含有大肠杆菌等病原微生物，施用与采收应相隔3个月以上。秸秆类肥料在矿化过程中易引起土壤缺氧并产生植物毒素，要求在南瓜移栽

前及早翻压入土。为避免盐害，南瓜种植应在粪肥或堆肥施用后
3~4周进行。尽量选择在冬季施用有机肥，夏季或降雨季节避
免施用大量有机肥，防止氮素淋失。

2. 化肥

化肥是化学肥料的简称，是指用化学方法制造或者开采矿
石，经过加工制成的肥料，也称作无机肥料。化肥种类的划分方
法很多，按照化肥中所含养分种类多少，可以将化肥分为单元化
学肥料（也称作单质化肥）、多元化学肥料和完全化学肥料；按
照化肥中养分的种类，可将化肥分为氮肥、磷肥、钾肥、复合肥
料、掺混肥料和微量元素肥料等；按照形态可将化肥分为固体化
肥、液体化肥。化肥与有机肥相比，养分含量高，肥效快，容易
保存且保存期长，单位面积使用量少，便于运输，节约劳动力。
南瓜生长中养分需求量大，其中无机化学元素养分供应是南瓜生
长养分的主要来源。近年来，由于人们不合理选择施用肥料，导
致土壤退化、南瓜品质下降。因此，为了改善土壤质量，保障南
瓜的优质高产、高效生产，正确地选择肥料配方、种类以及高效
施肥方式至关重要。

施用化肥对南瓜产量的影响：氮肥可以通过刺激作物干物质
生产，减少因蒸腾作用造成的水分流失，促进产量的提高。国外
学者在2013—2014年研究施氮对南瓜生长和产量的影响，将氮
肥在4~6片叶时期和花期施入每一条沟的种植行并进行覆盖。
通过测定南瓜地上部干物质、作物生长速率、叶面积指数、叶面
积持续期，截获光合有效辐射，计算辐射利用率、地上部氮素吸
收利用率、水分利用率、果实产量和种子产量评估作物性状。结
果表明，在两个生长季节中，施用250千克/公顷氮肥时南瓜的
生长最好、产量最高。随着施氮量从50千克/公顷增加到250千
克/公顷，地上部干物质、辐射利用率、水分利用率、果实产量
和种子产量分别增加87.3％、27.0％、62.1％、87.5％和
84.5％。然而，施入氮肥越多，氮肥利用率越低，即氮肥用量从

50千克/公顷增加到250千克/公顷时，氮肥利用率下降了62.5%。佟玉欣等对南瓜平衡施肥研究结果表明，不施氮、磷、钾肥分别减产了23.1%、19.3%、11.1%。在最佳处理的基础上，不施氮肥除了会影响籽用南瓜对氮素的吸收外，还会影响其对磷、钾肥的吸收；在最佳处理的基础上，分别不施磷肥和钾肥，会影响籽用南瓜对氮、钾和对氮、磷的吸收，进一步说明平衡施肥有利于籽用南瓜对养分的均衡吸收。适量的氮肥用量可以提高籽用南瓜的整体品质，磷肥可以提高粗蛋白、粗脂肪含量，钾肥可以提高可溶性糖、淀粉含量。南瓜生产常用的化肥有单质肥料、复混肥料、水溶肥料等几类。

（1）单质肥料

单质肥料是指在氮、磷、钾三种养分中，仅具有一种养分标明量的氮肥、磷肥或钾肥的通称，如硫酸铵只含氮素，普通过磷酸钙只含磷素，硫酸钾只含钾素。

①氮肥

只含有氮养分，常用的有尿素（含氮46%）、碳酸氢铵（简称碳铵，含氮17%）、硝酸铵（又称作硝铵，含氮34%）、硫酸铵（又称作硫铵、肥田粉，含氮20.5%～21%）、氯化铵（含氮25%）等。北京地区南瓜生产常用的单质氮肥主要为尿素，其他种类使用较少。

尿素化学式为$CO(NH_2)_2$，是固体氮肥中含氮量最高的。尿素是生理中性肥料，不会在土壤中残留任何有害物质，长期施用没有不良影响。但在造粒中温度过高会产生少量缩二脲，又称作双缩脲，对作物有抑制作用。尿素是有机态氮肥，经过土壤中的脲酶作用，水解成碳酸铵或碳酸氢铵后，才能被作物吸收利用，因此，尿素要在作物需肥期前4～8天施用。尿素适合施于各种土壤，与硫铵、磷铵、氯化钾、硫酸钾混配良好，但与过磷酸钙等水分含量较高的肥料配合使用时应注意防潮，配混后需一天内使用。可作基肥、追肥，作种肥用量要小于5千克/亩（注意种、肥隔离）。

②磷肥

只含有磷养分，常用的有过磷酸钙（普钙，含五氧化二磷16%～18%）、重过磷酸钙（重钙，含五氧化二磷40%～50%）、钙镁磷肥（含五氧化二磷16%～20%）、钢渣磷肥（含五氧化二磷15%）、磷矿粉（含五氧化二磷10%～35%）等。北京地区常见的单质磷肥主要为普钙。

③钾肥

只含有钾养分，常用的有硫酸钾（含氧化钾48%～52%）、氯化钾（含氧化钾50%～60%）等。硫酸钾是南瓜常用的钾肥，南瓜属于忌氯作物，应少施氯化钾等含氯肥料。

硫酸钾化学式为 K_2SO_4。化学中性、生理酸性肥料，无色结晶体，吸湿性小，不易结块，物理性状良好，施用方便，是很好的水溶性钾肥。京郊土壤属石灰性土壤，土壤 pH 较高，一般为 7.5～8.5，因此对于 pH 较高的新菜田，硫酸根与土壤中钙离子易生成不易溶解的硫酸钙（石膏），硫酸钙过多会造成土壤板结，此时应重视增施有机肥；老菜田由于大量投入有机肥和化肥，土壤碱性较低或偏酸性，过多的硫酸钾会使土壤酸性加重，甚至加剧土壤中活性铝、活性铁对作物的毒害，应注意老菜田土壤 pH 变化。

氯化钾化学式为 KCl，为白色或红色粉末或颗粒，化学中性、生理酸性肥料，肥效快，可作基肥、追肥，盐碱地尽量不用，酸性土壤应配合石灰施用。

（2）复混肥料

复混肥料是指在氮、磷、钾三种养分中，至少有两种养分标明量的由化学方法和（或）掺混方法制成的肥料。氮、磷、钾三元复混肥按总养分含量分为高浓度（总养分含量≥40.0%）、中浓度（30.0%≤总养分含量<40.0%）、低浓度（25.0%≤总养分含量<30.0%）三档。根据制造工艺和加工方法可分为复合肥

料、混合肥料和掺混肥料。这几种肥料之间既有差别又有联系。复合肥料是指在氮、磷、钾三种养分中，至少有两种养分标明量的仅由化学方法制成的肥料，是复混肥料的一种；混合肥料是指通过几种单质肥料（如尿素、硫酸钾、普钙、硫酸铵等），或单质肥料与复合肥料简单的机械混合，辅之以添加物，按照一定的配方配制、混合、加工造粒而制成的肥料；掺混肥料是指在氮、磷、钾三种养分中，至少有两种养分标明量的由掺混方法制成的肥料，也称作 BB 肥。各类肥料要求可查询相关标准。

①复合肥料

复合肥料是具有固定化学式的化合物，具有固定的养分含量和比例。常见的复合肥料主要有磷酸一铵、磷酸二铵、磷酸二氢钾、硝酸钾等。

主要优点：一是复合肥料含有作物需要的两种或两种以上元素，养分含量高，能比较均衡和长时间地供应作物需要的养分，提高施肥增产效果。二是复合肥料一般为颗粒状，吸湿性小，不结块，具有一定的抗压强度和粒度，物理性状好，可以改善某些单质肥料的不良性状，便于贮存，施用方便，特别是有利于机械化施肥。三是复合肥料既可以作基肥和追肥，又可以作种肥，适用的范围比较广。四是复合肥料副成分少，在土壤中不残留有害成分，基本不会对土壤性质产生不良影响。

主要缺点：一是氮、磷、钾养分比例相对固定，不能适用于各种土壤和各种作物对养分的需求，因此，在复合肥料施用过程中一般要配合单质肥料的施用才能满足各类作物在不同生育阶段对养分种类、数量的要求，达到作物高产对养分的平衡需求。二是复合肥料所含养分同时施用，有的养分可能与作物最大需肥时期不吻合，易流失，难以满足作物某一时期对某一养分的特殊要求，不能发挥本身所含各养分的最佳施用效果。

A. 磷酸一铵、磷酸二铵的性质和施用

a. 磷酸一铵、磷酸二铵的性质

磷酸一铵、磷酸二铵中含有氮、磷两种养分，属于氮、磷二元型复合肥料，是发展最快、用量最大的复合肥料之一。

磷酸一铵又称作磷酸铵，含磷 60% 左右，含氮 12% 左右，灰白色或淡黄色颗粒，不易吸湿，不易结块，易溶于水，化学性质呈酸性，是以磷肥为主的高浓度速效氮、磷复合肥。

磷酸二铵简称二铵，含磷 46% 左右，含氮 18% 左右，白色结晶体，吸湿性小，稍有结块，易溶于水，制成颗粒状产品后不易吸湿、不易结块，化学性质呈碱性，是以磷肥为主的高浓度速效氮、磷复合肥。

b. 磷酸一铵、磷酸二铵的施用

磷酸一铵、磷酸二铵是以磷肥为主的高浓度速效氮、磷复合肥，不仅适用于各种类型的作物，而且适用于各种类型的土壤，特别是在碱性土壤和缺磷比较严重的土壤，增产效果十分明显，可作基肥，也可作追肥或种肥。施用时，不能将磷酸二铵与碱性肥料混合施用，否则会造成氮的挥发，还会降低磷的肥效。

B. 磷酸二氢钾的性质和施用

磷酸二氢钾含磷 52% 左右，含钾 34% 左右。纯品为白色或灰白色结晶体，物理性状好，吸湿性小，易溶于水，水溶液呈酸性，为高浓度速效磷、钾二元型复合肥料。由于磷酸二氢钾价格比较昂贵，目前多用于根外追肥，通常都会取得良好的增产效果。

C. 硝酸钾的性质和施用

硝酸钾 $N : K_2O$ 为 $1 : 3.4$，白色晶体，吸湿性小，不易结块，易溶于水，不含副成分，生理反应和化学反应均为中性，为不含氯的氮、钾二元型复合肥料，也是以钾肥为主的高浓度复肥品种之一。

硝酸钾适用于各种作物，特别是茄果类蔬菜等经济作物。适宜用作追肥，一般每亩用量为 10～15 千克。根外追肥一般可采用浓度为 0.6%～1.0% 的硝酸钾溶液。施用时注意配合氮、磷化肥，以提高肥效，由于硝态氮易于淋失，在设施大棚施用时注意控制灌溉量，忌大水灌溉，适宜结合微灌施肥。

②混合肥料

A. 混合肥料的特点

混合肥料是当前肥料行业发展最快的肥料种类。

主要优点：一是养分全面，含量高。含有两种或两种以上营养元素，能较均衡地、长时间地同时供给作物所需要的多种养分，并充分发挥营养元素之间的相互促进作用，提高施肥效果。可以根据不同类型土壤的养分状况和作物需肥特征，配制成系列专用肥，产品的养分比例多样化，针对性强，从而避免某些养分的浪费，提高肥料的利用率，也可避免农户因习惯施用单质肥而导致土壤养分不平衡。二是有利于施肥技术的普及。测土配方施肥是一项技术性强、要求高而又面广量大的工作，如何推广到每家每户一直是难以解决的问题。配方施肥技术通过专用混合肥这一物化载体，可以真正做到技物结合，从而可以加速配方施肥技术的推广应用。

主要缺点：一是所含养分同时施用，有的养分可能与作物最大需肥期不吻合，易流失，难以满足作物某一时期对养分的特殊要求。二是养分比例固定的复混肥料难以同时满足各类土壤和各种作物的要求。

B. 混合肥料的分类

a. 按营养元素种类划分

根据混合肥料含有的养分元素的种类可分为二元混合肥料和三元混合肥料。

一是二元混合肥料。含有氮、磷、钾三种元素中的两种元素，根据农作物需肥规律合理匹配，混合后加工制成的肥料。如氮、磷混合肥，氮、钾混合肥，磷、钾混合肥。

二是三元混合肥料。含有氮、磷、钾三种元素，根据农作物需肥规律合理匹配，混合后加工制成的肥料。通常以专用型的三元混合肥施用效果最好。

b. 按氮、磷、钾养分总含量划分

混合肥中的氮、磷、钾比例一般以纯氮（N）、五氧化二磷（P_2O_5）、氧化钾（K_2O）为标准计算，例如，氮：磷：钾＝15：15：15，表明在混合肥中纯氮含量占总物料量的15%，五氧化二磷占15%，氧化钾占15%，氮、磷、钾总含量占总物料的45%。根据总养分含量可分为三种不同浓度的混合肥料。

一是高浓度混合肥料。氮、磷、钾养分总含量≥40%。高浓度混合肥的特点是养分含量高，适宜机械化施肥，但因其养分含量高，用量少，采用人工撒施不容易施肥均匀。高浓度混合肥中氮、磷、钾所占比例大，一些中、微量元素含量低，长期施用会造成土壤内中、微量元素含量的不足。

二是中浓度混合肥料。氮、磷、钾养分总含量在30%（包含）～40%（不包含）。中浓度混合肥是对高浓度和低浓度混合肥的调节，它的施用量介于两者之间，一般的播种机稍加改造就可以将所需肥料数量施足，而且可以达到均匀程度，还含有相当数量的钙、镁、硫等中量元素，一般在蔬菜上施用中浓度混合肥比较普遍。

三是低浓度混合肥料。氮、磷、钾养分总含量在25%（包含）～30%（不包含）。低浓度混合肥养分含量低，施用量大，采用一次性播种施肥复式作业时不容易将肥料全部施入土壤中，人工撒施劳动量也比施高浓度混合肥要多。低浓度混合肥生产原料选择面比较宽，可选用硫酸铵、普钙等增加混合肥中量元素钙、镁、硫的含量，一般低浓度混合肥适宜在蔬菜和瓜类作物上应用。

c. 按混合肥料的成分和添加物划分

根据混合肥料的成分和添加物可划分成无机混合肥料、有机-无机混合肥料等。

一是无机混合肥料。原料完全是化学肥料，用尿素、硫铵、重钙、氯化钾等按照一定比例，经混合造粒，生成二元混合肥、三元混合肥和各种专用混合肥。

二是有机-无机混合肥料。以无机原料为基础，增加有机物为填充物的复混肥。有机-无机混合肥料的生产一般是以无机肥料为主要原料，填充物采用烘干鸡粪等有机物增加肥料中的有机物质。有机-无机混合肥的基本特点是速效养分含量能够满足作物当季生长的要求，同时给土壤补充了部分有机肥料，可以起到培肥地力的作用。

d. 按适用作物划分

根据测土配方施肥技术原理，针对不同作物的需肥规律和土壤养分测试结果而生产的氮、磷、钾含量和比例不同，专门适用于某种作物或某类作物的混合肥料为专用混合肥料。在蔬菜施肥方面，根据适用作物不同可划分为果菜类专用肥、叶菜类专用肥、根菜类专用肥等，还可分为专用基肥、专用追肥，不同专用肥适用于不同作物。

C. 混合肥料的施用

混合肥料一般用作基肥，不宜用作种肥和追肥，防止发生烧苗现象。同时应注意施肥深度，应将肥料施于作物根系分布的土层，使耕作层下部土壤的养分得到较多补充，以促进平衡供肥。

a. 混合肥料适宜作基肥，作基肥宜深施，有利于中后期作物根系对养分的吸收。混合肥料含有氮、磷、钾三种营养元素，作基肥可以满足作物中后期对磷、钾养分的最大需要，可以克服中后期追施磷、钾肥的困难。

b. 三元混合肥料不提倡用作追肥，作追肥会导致磷、钾资源浪费，因为磷、钾肥施在土壤表面很难发挥作用，当季利用率不高。如果基肥中没有施用混合肥料，在出苗后也可适当追施，但最好开沟施用，并且施后要覆土。

c. 混合肥料可作冲施肥，对于多次采收的蔬菜，每次采收后冲施混合肥料可以适当补充养分。应选用氮和钾含量高、全水溶性的复混肥。

③掺混肥料

主要优点：一是掺混肥料是根据作物养分需求规律、土壤养分供应特点和平衡施肥原理，经过机械均匀掺混而成的复混肥料，是平衡施肥的理想载体。可根据作物养分需求和不同土壤的养分供应特点等，设计可灵活调整的配方，可有效促进测土配方施肥技术普及，易于开展农化服务，可满足农化服务水平提升的需求。二是掺混肥料养分浓度可高达 50%以上，符合化肥高浓度化的发展趋势；掺混肥料可添加中微量元素、农药、除草剂等，符合化肥多功能化的发展趋势。三是掺混肥料具有省时省工、真假易辨等特点，农户从肥料中能明显地看到氮、磷、钾的肥料颗粒，不易因造假而受到损失。四是掺混肥料生产成本和使用成本低，生产过程中无化学反应，可满足化肥发展节能环保的要求。

主要缺点：一是易吸潮、结块，掺混肥料中的氮素都是以颗粒尿素为主，含尿素的掺混肥料因其吸水性而容易结块。二是易于发生分离，掺混肥料原料比重不一，颗粒大小不一，易于离析分层，尤其是运输搬运过程中分层，导致施用各元素的不均衡，从而影响施肥效果与作物的产品质量。

（3）水溶肥料

水溶肥料是指经水溶解或稀释，用于灌溉施肥、叶面施肥、无土栽培、浸种蘸根等的液体或固体肥料。按养分种类分为大量元素水溶肥料、中量元素水溶肥料、微量元素水溶肥料、含氨基酸水溶肥料、含腐殖酸水溶肥料、有机水溶肥料等。水溶肥料作为一种速效肥料，营养元素比较全面，可根据不同作物不同时期的需肥特点选用相应的配方肥料。

二、南瓜科学施肥技术

1. 南瓜对肥料的吸收利用规律

南瓜不同生长发育阶段对养分的吸收量和吸收比例各有不

同。南瓜幼苗期需肥较少，伸蔓以后吸收量明显增加，果实膨大期是需肥量最大的时期，尤其是对氮肥的吸收急剧增加，对钾肥也是如此，对磷肥吸收极少。研究表明，南瓜从定植到拉秧的137天中，前1/3的时间对氮、磷、钾、钙、镁五要素的吸收增加缓慢，中间1/3的时间对五要素的吸收迅速增加，在最后的1/3时间内，五要素的吸收增长量最为显著。整个生育期以钾和氮的吸收量最多，钙居中，镁和磷最少。产量的增加与五要素的吸收量总趋势完全一致，在最后1/3的时间内迅速上升。据研究，每生产1 000千克南瓜果实需吸收氮（N）4.5～5.2千克、磷（P_2O_5）1.6～1.8千克、钾（K_2O）5.3～6.0千克、钙（CaO）4～6千克、镁（MgO）1～3千克。

南瓜不同生育期氮、磷、钾的吸收特点：氮在南瓜结果前期吸收缓慢但逐渐增加，在南瓜果实膨大期吸收急剧增多；磷的吸收比较平稳；钾的吸收与氮吸收过程相似，但在南瓜果实膨大期吸收特别突出；钙的吸收在南瓜结果前期逐渐增加，吸收量与氮、钾相似，但后期吸收比氮、钾少；镁的吸收在南瓜结果前和结果期类似于磷，果实内种子发育时需求量增加，容易缺镁。

2. 科学施肥对南瓜品质的影响

（1）科学施肥对南瓜可溶性糖及可溶性固形物含量的影响

南瓜可溶性糖含量的高低反映了南瓜的品质及成熟程度，是判断适时采收和贮藏性的重要指标。高静等（2008）对南瓜施肥模式的研究表明，氮、磷、钾肥对南瓜可溶性糖含量影响的大小顺序为氮＞钾＞磷。可溶性糖含量随着单因素施氮量增加而增加。合理施用氮、磷、钾肥可显著提高南瓜的可溶性糖含量。研究表明，最优氮钾镁营养液喷施南瓜可以提高可溶性糖含量，而施用沼肥（尿肥）对南瓜果实可溶性糖含量的影响不显著。南瓜果实的可溶性固形物含量也受到施肥的影响，施用0.10克/升壳聚糖对南瓜果实可溶性固形物含量有显著影响，还可以提高南瓜中氮和磷的含量。同时施用氮肥和喷施壳聚糖可使夏季南瓜果实可溶性固形物含量显著提高，矿质元素铁、锌、硼、铜的含量达到最高值。施用有机肥比矿质肥料更能提高南瓜果实的可溶性固形物含量。

（2）科学施肥对南瓜维生素 C 含量及蛋白质含量的影响

维生素 C 含量也是衡量果实品质的重要指标之一。在南瓜生长期，施用有机肥（生物肥、沼肥）或矿物质肥均能提高果实的维生素 C 含量。李会彬等（2013）研究表明，平衡施用氮磷钾肥可以提高南瓜果实维生素 C 含量以及 β-胡萝卜素含量，缺素则会造成南瓜果实维生素 C 含量下降，而对 β-胡萝卜素含量没有显著影响。施用堆肥、腐殖酸肥和复混肥均可促进南瓜种子粗蛋白的积累，其中施用复合肥料和混合肥料比施用堆肥的南瓜种子中粗蛋白含量高。

（3）科学施肥对南瓜干物质含量及灰分含量的影响

干物质含量是评价南瓜营养价值、影响果实贮藏的重要指标。研究发现，复合肥料和腐殖酸肥料对南瓜果实干物质积累的影响最大，显著提高了干物质含量。氮肥与腐殖质肥混合施用可以显著提高南瓜叶片干物质重及茎干物质重。灰分含量是衡量南瓜果实矿物质含量的重要指标之一，成熟果实灰分含量显著高于幼果。研究表明，施用各种肥料均可增加南瓜果实中的灰分含量，其中施用腐殖质肥、复合肥或混合肥料比单质肥料更能增加南瓜果实中的灰分含量。

3. 南瓜科学施肥技术要点

南瓜种植主要是以日光温室、大棚设施栽培为主。

一是有条件的地方，建议采取滴灌、膜下微喷等节水灌溉施肥技术，做到节水节肥，提质增产。定植后滴灌透水，保证苗成活，定植水不超过 10 米³/亩；前期适当控水，让根系向下生长，促进壮苗；中后期根据植株叶片长势情况灌溉，每次灌溉量不超过 5 米³/亩。

二是合理施用有机肥。有机肥要经过充分的腐熟发酵，避免烧苗，并减少病虫害在土壤中的滋生。在耕作过程中结合深翻施肥，使土、肥充分混合，减少养分在土壤表层的积聚，同时疏松土壤、减轻板结，改善土壤物理结构。

三是依据土壤肥力条件，综合考虑环境养分供应，适当增加钾肥的用量。

四是根据作物产量、茬口及土壤肥力条件合理施肥，轻基肥重追肥，追肥宜"少量多次"，根据植株长势追肥，开花期若遇到低温适当补充磷肥，结果期以低磷高钾水溶肥为主。

五是适当补充中微量元素肥料。在南瓜结果期可选择喷施含钙镁的叶面肥，如糖醇钙或其他中微量元素肥料，提高南瓜品质。

六是土壤退化的老旧设施需进行秸秆还田或施用高碳氮比的有机肥，如秸秆类、牛粪、羊粪等，少施鸡粪、猪粪类肥料，减少养分富集，同时做好土壤消毒，减轻连作障碍。

4. 南瓜科学施肥建议

按照目标产量 2 000～3 000 公斤/亩，根据土壤测试结果，推荐设施栽培施肥套餐配方（表 3-2），高产、低产田施肥量根据实际情况酌情增减。

表 3-2　南瓜施肥建议

施肥时期	施肥措施
基肥	腐熟农家肥（优先选择牛粪、羊粪类有机肥）4～5 吨/亩或商品有机肥 1.5～2 吨/亩；中低肥力地块施用专用肥（N-P_2O_5-K_2O 为 18-9-18）10～15 千克/亩
发棵肥	追施水溶肥（N-P_2O_5-K_2O 为 18-9-18）1 次，5～10 千克/亩（根据苗情判断，若健壮也可不追施）
催果肥	当植株进入生长中期，坐住 1～2 个幼果时，应在封行前重施催果肥，一般随水追施水溶肥（N-P_2O_5-K_2O 为 18-5-27）8～10 千克/亩，结合墒情追施 1～2 次

（续）

施肥时期	施肥措施
后期追肥	为防植株早衰，增加后期产量，果实成熟中后期使用根外追肥，叶面喷施 0.2%～0.3% 的磷酸二氢钾，7～10 天 1 次，连喷 2～3 次

为促进节水节肥，达到绿色高效的目的，南瓜生产中推荐使用水肥一体化方式，适宜的肥料配方见表 3-3。

表 3-3　北京地区南瓜生产追肥配方

苗期配方（N-P_2O_5-K_2O）		结果期配方（N-P_2O_5-K_2O）	
推荐配方	选用配方	推荐配方	选用配方
18-9-18	20-10-20 或相近配方	18-5-27	18-7-26，19-5-26，19-8-27，19-6-30，20-4-27 或相近配方
		16-6-32	15-7-30，18-7-35，16-8-34，15-5-35，16-6-30 或相近配方

三、南瓜缺素症及防治方法

南瓜缺素症与病毒病症状十分相似，致使很多种植户因判断失误而错失最佳防治时机，造成生产成本增加，产品质量下降，因此正确识别和防治南瓜缺素症对南瓜生产非常重要。

1. 缺氮

（1）症状及发生原因

南瓜缺氮时植株叶片变小，新叶淡绿，从下到上慢慢变黄，先是叶脉间发黄，随后叶脉变黄，最后扩展到整个叶片变黄；花落后坐果量少，果实膨大缓慢。主要原因：前期作业时施用有机肥过少，土壤含氮量降低或氮元素被较多降雨淋失；收获量大，造成土壤中氮肥含量减少，追肥不及时。

（2）防治方法

根据南瓜对氮磷钾三要素和微肥的需求，增施有机肥，并采用配方施肥技术，防止缺氮。低温条件下可施用硝态氮；田间出现缺氮症状时，可把碳酸氢铵、尿素混入 10～15 倍有机肥料中，施用在植株根部，然后覆土浇水。此外，还可以喷洒 0.2%碳酸氢铵溶液进行叶面追肥。

2. 缺铁

（1）症状及发生原因

南瓜缺铁时植株新叶、腋芽开始变黄发白，尤其是上部叶片、生长点附近的叶片和新叶叶脉先黄化，后逐渐失绿；叶片的尖端坏死，发展至整片叶片淡黄或变白，叶脉尖端失绿，出现细小棕色斑点，组织容易坏死，花色不鲜艳。主要原因：在碱性大的土壤中，磷肥施用过量导致缺铁；土壤中的铜、锰等元素过多时，会影响南瓜对铁的吸收和利用。

（2）防治方法

土壤 pH 应保持在 6～6.5，可以施用石灰，但不可过量，避免土壤变为碱性；土壤不要过干或过湿；叶面喷洒 0.3%硫酸亚铁水溶液。

3. 缺锌

（1）症状及发生原因

南瓜缺锌时叶片小且簇生，先是在主脉两侧出现斑点，主茎节间缩短，叶片小而密，分枝过度，植株矮化，从中间叶片开始褪色，叶的边缘由黄逐渐变为褐色，叶缘枯死，叶片呈现稍外翻或卷曲。主要原因：光照过强或吸收磷过多；若土壤 pH 过高，即使土壤中有足够的锌，也不易被溶解或吸收。

（2）防治方法

土壤中不要过量施用磷肥，而要有选择地施用酸性肥料来降低土壤的 pH，田间每亩可施用 1.5 千克左右亚硫酸锌，也可喷洒 0.2%亚硫酸锌溶液。

4. 缺镁

（1）症状及发生原因

南瓜缺镁时，老叶叶脉组织失绿并向叶缘发展。轻度缺镁时茎叶生长正常，严重时扩展到小叶脉，仅主茎仍为绿色，最后全株变黄。主要原因：土壤供镁不足，或过量施用钾肥和铵态氮肥时，过量的钾、铵离子破坏了养分平衡，抑制了植株对镁的吸收。

（2）防治方法

南瓜生育期内要控制氮、钾肥用量。对于供镁能力低的土壤，防止一次施用过量的氮、钾肥料，阻碍对镁的吸收。施用硫酸镁、氯化镁、硝酸镁、氧化镁等含镁肥料，这些肥料均易溶于水，易被吸收利用。硫酸镁每亩用量为 2～4 千克（按 Mg 计），一般作基肥，作追肥要早施，一次施足后可隔几茬作物再施，不必每季作物都施。对于酸性土壤，可用镁石灰等碱性镁肥，碱性土壤可选用酸性镁肥，既可供镁又可改良土壤。一些化肥如钙镁磷肥含有较多的镁，可根据土壤条件和施肥情况加以选择。出现缺镁症状时，也可叶面补充镁肥，叶面喷施 1%～2%硫酸镁或硝酸镁水溶液，或 0.2%的中量元素水溶肥料，每隔 10 天左右喷施 1 次，连续喷 2～3 次。

第二节　南瓜的需水规律

南瓜发芽期和苗期植株叶面积小，耗水主要是土壤表层蒸发，南瓜发芽期和苗期耗水量分别占整个生育期总耗水量的 4%～8%和 16%～27%。伸蔓期茎叶生长迅速，覆盖地表，一定程度上减弱了土表蒸发，南瓜蒸腾作用开始增强，这一时期耗水量占总耗水量的 25%～29%。开花坐果期，植株生长进入旺期，南瓜的蒸腾耗水量大，这一时期耗水量占总耗水量的40%～

55％。总体来看，南瓜各生育阶段耗水量由大到小依次为开花坐果期＞伸蔓期＞苗期＞发芽期。日耗水强度最大时期为伸蔓期，每天耗水量为2～5毫米。南瓜的需水关键期是开花伸蔓期和果实膨大期，在这两个时期补水有利于南瓜产量的形成，水分较多或较少均不利于南瓜产量的形成，在不影响产量的前提下，适当地减少灌溉频率和灌水量，能显著提高水分利用效率。

第三节　南瓜的水肥一体化管理技术

根据南瓜的种植模式，推荐应用覆膜沟灌施肥、滴灌施肥等水肥一体化技术进行南瓜的水肥管理。水肥一体化有利于提高肥料利用率，降低肥料成本。全生育期随水滴肥4～5次，肥料需要选用可溶性好（不溶物＜5％）的全水溶性滴灌肥。第一次在伸蔓期或封行前施肥，第二次在甩蔓前和果实膨大期需肥量较大时施肥，第三、四次视植株长势在第二、三个果的膨果期进行施肥。施肥时，先滴水1～2小时后开始配肥随水灌溉，滴完肥料后，滴清水1～2小时再停水，这样可以使溶在水中的肥料充分渗入土壤中。

一、滴灌施肥技术

滴灌施肥是在有压水源下借助施肥装置和滴灌系统，将水肥混合液通过滴头以点滴的形式施入作物根层土壤的一种灌溉施肥技术（图3-1）。与传统灌溉施肥技术相比，滴灌施肥技术具有节水、节肥、省工、增产和增收等诸多优点，如一般可节水50％左右，节肥30％左右；还可降低空气湿度，减少作物病害；减少灌溉水的深层渗漏和肥料淋洗，降低地下水硝酸盐污染的风险；有利于保持良好的土壤结构，减少土壤退化；滴灌施肥的同时可以进行其他农事操作，节省人工；有利于提高作物产量和品质。

图 3 - 1 滴灌施肥技术

1. 系统与设备组成

滴灌施肥系统由首部枢纽、输配水管网、灌水器等组成（图 3 - 2）。首部枢纽的作用是从水源中抽取水，增压并将其处理成符合微灌水质要求的水肥混合液，然后输送至输配水管网中。输配水管网的作用是将首部枢纽处理过的水肥混合液输送到每个灌水器。灌水器通过不同结构的流道或孔口，削减压力，使水流变成水滴、细流或喷洒状，直接作用于作物根区附近。

（1）首部枢纽系统

主要由水泵、动力机、变频设备、施肥设备、过滤设备、排气阀、流量及压力测量仪表等组成。

①水泵

为灌溉水提供足够的水头压力，当灌溉水源有足够的自然水头时（如以修建在高处的蓄水池作为水源）可以不安装水泵。

②动力机

向水泵提供能量，可以是柴油机或电动机等。

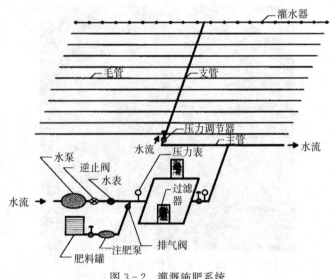

图 3-2　灌溉施肥系统

③变频设备

实现自动变频调速恒压供水的关键配套设备，具有明显节电效果，可以减少对电网的影响。

④施肥设备

用于将肥料、除草剂或杀虫剂等按一定比例与灌溉水混合，并注入微灌系统。常用的施肥设备包括压差式施肥罐（图 3-3）和文丘里施肥器。

A. 压差式施肥罐

工作原理是将储肥罐与灌溉管道并联，通过控制调压阀使其两侧产生压差，部分灌溉水从进水管进入储肥罐，再从供肥管将经过稀释的水肥混合液注入灌溉水中。其优点是造价低，不需外加动力设备。缺点是储液罐中的水肥混合液不断被水稀释，输出肥液浓度不断下降，且各阀门开度与储液罐的供液流量之间关系复杂，造成水肥的混合浓度无法控制；罐容积有限，添加肥液的次数频繁；因安装调压阀造成一定的水头损失。

图 3-3 压差式施肥罐

B. 文丘里施肥器

工作原理是液体经过流断面缩小的喉部时流速加大，产生负压，从而吸取开敞式化肥罐内的肥液。优点是成本低廉、不需要额外动力、施肥浓度比较均匀。缺点是在吸肥过程中的水头损失较大，只有当文丘里管的进、出口压力差达到一定值时才能吸肥，一般要损失1/3的压力。适合水压较充足的输水管道使用。

⑤过滤设备

将灌溉水中的固体颗粒滤去，防止系统堵塞（图3-4）。

⑥排气阀

在开始供水时及时将管道内的空气排出，避免压力过大影响水流量，同时在停止供水时及时补入空气，避免管道内形成真空而吸入土壤颗粒等杂质。

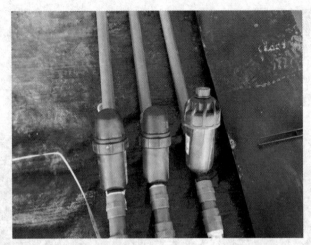

图 3 - 4　过滤器

⑦流量及压力测量仪表

测量管路中水流的流量和压力，或者测量施肥系统中肥料的注入量。

（2）输配水管网

输配水管网将水肥混合液输送至田间的每个灌水器。根据灌溉施肥形式的不同，可以采用不同的输配水管网。滴灌施肥的正常工作压力为 10 米水头（0.1 兆帕）。因此，滴灌施肥的输配水管网要求具备一定的承压能力，通常干管为地下管道，采用未增型聚氯乙烯（UPVC）管，管径 110 毫米，承压能力达到 0.6 兆帕。支管为地面管道，采用抗老化聚乙烯（PE）管。

（3）灌水器

灌水器借助不同结构的流道或孔口削减压力，使水流变成水滴、细流或喷洒状，直接作用于作物根区附近。

滴灌灌水器是滴灌系统的关键部分，根据灌水器的消能原理，分为长流道滴头、孔口式滴头、涡流式滴头和压力补偿式滴头。长流道滴头是靠水流与流道壁之间的摩擦阻力消能来调节出水量大小，特点是滴头流量随温度增加而增加；孔口式滴头是靠孔口出流造成的局部水头损失来调节出水量大小，缺点是流道尺寸小，抗堵塞性能弱，不具备压力调节功能；涡流式滴头是靠水流进入灌水器的涡室内形成的涡流消能来调节出水量大小，缺点是抗堵塞性能弱，滴头流量随温度增加而降低；压力补偿式滴头是利用水流压力对滴头内的弹性体的作用，使流道（或孔口）形状改变或过水断面积发生变化，从而使滴头流量自动保持在一个变化幅度很小的范围内，还具有自清洗功能，压力补偿式滴头对地形的适应性强，滴头流量对管路温度的变化不敏感，有利于提高灌溉均匀度。

2. 主要操作要点

采用滴灌施肥技术时一般起小高畦，畦上南瓜双行种植，每行铺设一条滴灌管（带），滴头朝上，滴头间距一般为 30 厘米。如果用旧滴灌管（带），一定要检查其漏水和堵塞情况。施肥装置一般为压差式施肥罐或文丘里施肥器，施肥罐容积根据灌溉施肥面积确定，一般不低于 15 升/亩（施肥罐最好采用深颜色的罐体，以免紫外线照射产生藻类堵塞滴灌系统）。

所有灌溉施肥技术在制定灌溉施肥制度时应遵循以下两点：一是减少单次灌溉施肥量。相对于常规灌溉（畦灌、沟灌）和施肥（撒施、沟施、穴施、冲施），灌溉施肥技术通过输配水管网和灌水器将水肥混合液直接输送至作物根系附近，属于局部灌溉和局部施肥。要想减少水肥的渗漏损失和非作物根区的水肥分配量，就必须减少单次灌溉施肥量，使水肥尽量集中分布于根区。二是高频率灌溉施肥。单次灌溉施肥量的减少使土壤水肥的移动范围缩小，要保持作物根系周围适宜的水肥浓度，就需要增加灌溉施肥的频率。

（1）灌溉操作

灌溉时应关闭施肥罐（器）上的阀门，把滴灌系统支管的控制阀完全打开，灌溉结束时先切断动力，然后立即关闭控制阀。

滴灌湿润深度一般为30厘米。滴灌的原则是少量多次，不要延长滴灌的时间以达到多灌水的目的。

（2）施肥操作

按照加肥方案要求，先将肥料溶解于水中。施肥时用纱（网）过滤后将肥液倒入压差式施肥罐，或倒入敞开的容器中用文丘里施肥器吸入。

①压差式施肥罐

压差式施肥罐与主管上的调压阀并联，施肥罐的进水管要达罐底。施肥前先灌水20～30分钟，施肥时，拧紧罐盖，打开罐的进水阀，罐注满水后再打开罐的出水阀，调节主管调压阀以控制施肥速度。

②文丘里施肥器

文丘里施肥器与主管上的阀门并联，将事先溶解好并混匀的肥液倒入一敞开的容器中，将文丘里施肥器的吸头放入肥液中，吸头上应有过滤网，吸头不要放在容器的底部。打开吸管上阀门并调节主管上的阀门，使吸管能够均匀稳定地吸取肥液。

注意事项：每次加肥时须控制好肥液浓度，一般在 1 米^3 水中加入 0.5 千克肥料（纯养分），肥料用量不宜过大，防止浪费和系统堵塞。每次施肥结束后再灌溉20～30分钟，以冲洗管道。

3. 保养维护

（1）系统维护保养要点

正确维护和保养可最大限度地延长滴灌系统的使用寿命，充分发挥系统的作用。滴灌施肥系统的各组成部分都需要进行维护和保养。

①管道系统

在灌溉季节结束后，要对管道系统进行全系统的高压清洗。打开各支管和主管末端堵头，用水将管道内积攒的污物冲洗出去，清洗结束后，充分排净水分，装回堵头。滴灌开始前，先打开支管上的阀门，使滴头能够出水，之后打开上游阀门，以保证灌溉系统各个部分的安全。

②过滤系统

要定期检查网式过滤器的过滤网、叠片过滤器的各个叠片及砂介质过滤器，有较多污物时要及时冲洗干净。

A. 网式过滤器

运行时要经常检查过滤网，发现损坏时应及时修复。灌溉季节结束时，应取出过滤器中的过滤网，刷洗干净，晾干后备用。

B. 叠片过滤器

打开叠片过滤器的外壳，取出叠片。先把每个叠片组清洗干净，之后用干布将塑料壳内的密封圈擦干放回，然后开启底部集砂膛一段的丝堵，将膛中积存物排出，将水放净，最后将过滤器压力表下边的选择钮置于排气位置。

C. 砂介质过滤器

灌溉季节结束后，打开过滤器的顶盖，检查砂石过滤器的数量，并与罐体上的标识相比较，不足应及时补齐，以免影响过滤质量。若砂石滤料器上有悬浮物，应捞出。

③施肥系统

进行施肥系统维护时，关闭水泵。开启与主管道相连的注肥口和驱动注肥系统的进水口，排去压力。

A. 施肥罐

施肥之后要仔细清洗罐内残液，并晾干，再将罐体上的软管摘下并用清水冲洗干净，再将其置于罐内保存。每年在施肥罐的顶盖及手柄螺纹处涂上防锈油，若罐体表面的金属镀层有损坏，立即清锈后重新涂漆，不要丢失各个连接部件。

B. 注肥泵

先用清水洗净注肥泵的肥料罐，打开罐盖晾干，再用清水冲洗注肥泵，分解注肥泵，取出注肥泵驱动活塞，将润滑油涂在部件上，进行正常的润滑保养，最后擦干各部件后重新组装。

④田间设备

冬季来临前，为防止管道冻坏，把田间位于主支管上的排水底阀打开，将管道内的水尽量排出。在田间将各条滴灌管（带）尽量拉直，勿使其扭折，若冬季回收也应注意勿使其扭曲放置。

（2）常见的错误操作及对应的正确操作

①灌溉施肥系统安装

错误操作：安装滴灌管时滴头向下。

正确操作：安装滴灌管时滴头应向上，这样可以有效避免土壤进入滴头引起的堵塞。

错误操作：安装压差式施肥罐时，进水管较短，位于施肥罐的上部，而出水管较长，位于施肥罐的底部。

正确操作：压差式施肥罐安装应遵循"长进短出"，即进水管较长，通到罐底部，而出水管较短，位于罐的上部。因为刚加入固态肥料时罐底肥料浓度较高且有部分肥料尚未溶解，而罐顶部的肥料浓度相对稳定。

错误操作：长期不清洗过滤装置。

正确操作：微灌施肥的过滤装置应根据水质和肥料溶解性进行定期清洗，水质差的地区最好每次灌溉施肥后清洗过滤装置。

②灌溉施肥操作

错误操作：采用常规沟灌和畦灌的灌溉施肥制度，灌溉和施肥的间隔时间长，每次灌溉施肥量过多。

正确操作：微灌施肥应以"少量多次"为原则，使作物根区土壤长期维持适宜的水分和养分浓度。

错误操作：滴灌施肥时，通过肉眼观察土壤表层湿润程度判断灌溉量是否适宜。

正确操作：应移除表层土壤，根据作物根系附近的土壤湿润程度来判断灌溉量是否适宜。因为滴灌条件下土壤湿润范围呈

"洋葱型"，表层土壤的湿润范围很少，如果根据表层土壤的湿润程度指导灌溉会导致灌溉量过高。

错误操作：一开始灌溉即打开施肥装置施肥，灌溉结束后再关闭施肥装置。

正确操作：灌溉施肥时应采取"先灌水，再施肥，再灌水"的方法。如果一开始即施肥容易使肥料进入土壤深层，造成浪费。加肥后再灌水的作用是清洗输水管路，降低腐蚀。

错误操作：施用不能完全溶解于水的肥料，如农用磷酸氢二铵和颗粒状复合肥等。

正确操作：应施用常温下完全溶解于水的肥料，如尿素和水溶肥。

（3）系统堵塞原因及处理方法

造成滴灌施肥系统滴头堵塞的因素可分为物理因素、化学因素、生物因素三类。物理因素包括灌溉水中的泥沙、未溶解的肥料沉淀及其他杂质；化学因素包括有些地区的灌溉水中含有较多的铁或锰，其遇到空气中的氧气后被氧化生成沉淀，还有水的pH和硬度过高的情况下容易产生碳酸钙镁的沉淀；生物因素主要指各种微生物在滴灌管路内滋生成团。

目前主要采用以下几种方法来防治。

一是事先测定水质。如灌溉水的硬度过高或含有较高的铁、锰，则不宜作为滴灌用水。

二是使灌溉水经充分沉淀及过滤后再进入滴灌施肥系统。

三是使用完全溶于水的肥料。滴灌施肥中须使用完全溶于水的肥料，或将肥料在其他容器中溶好后取上层没有沉淀的液体进行滴灌施肥。

四是适当提高水流量。水流量越大，则越不容易造成堵塞。

五是定期冲洗滴灌管。滴灌系统使用3～5次后，要打开滴灌管末端堵头进行冲洗，把使用过程中积聚在管内的杂质冲洗出去。

二、覆膜沟灌施肥技术

覆膜沟灌施肥是在地膜覆盖栽培技术的基础上发展起来的一种灌溉施肥方法，是将地膜平铺于沟中，沟全部被地膜覆盖，水肥混合液从膜上（膜上沟灌）或膜下（膜下沟灌）输送到田间的灌溉施肥方法。覆膜沟灌施肥适用于小高畦宽窄行种植作物，如茄果类蔬菜等，包括膜上沟灌施肥（适宜偏沙质土壤）、膜下沟灌施肥（适宜于偏黏质土壤）。膜上沟灌施肥是将地膜平铺于畦中或沟中，畦、沟全部被地膜覆盖，利用施肥装置及输水管路在地膜上输送肥水混合液，并通过作物的放苗孔和灌水孔入渗到作物根部的灌溉施肥技术。膜下沟灌施肥是将地膜覆盖在灌水沟上，利用施肥装置及输水管路将肥水混合液从膜下灌水沟中输送到作物根系附近的灌溉施肥技术。覆盖地膜后，土壤表面蒸发的水汽在膜上凝结，再次滴入土壤中，形成了小范围的水分循环，大大减少了土壤表面水分蒸发。同时地膜可以有效反射地面长波辐射，起到保温作用，更有利于地温的提升。在膜上沟灌中，灌溉水通过地膜流入作物根系附近，大幅降低了输水过程中的无效渗漏，提高了灌溉水利用率。

1. 系统与设备组成

采用线性低密度聚乙烯软管（LLDPE 软管），选择充水后直径为 100 毫米的软管作为主管，主管上正对每个灌水沟处配一长 30～50 厘米的直径为 50 毫米的支管。支管伸至灌水沟的膜下（膜下沟灌）或置于灌水沟的膜上（膜上沟灌）。灌水时可以同时打开 4～5 个支管，灌完一沟后将其对应的支管折叠即不再出水。该输水管路便于将水输送至每一灌水沟，还可通过调整支管的位置适应不同的株行距。

将施肥装置与输水管路进行组装，在输水管路的首部安装文丘里施肥器或压差式施肥罐，将肥料溶于灌溉水中，并随灌溉施入蔬菜根系附近，即为覆膜沟灌施肥。

2. 主要操作要点

日光温室和塑料大棚在田间管道铺设时可根据水源位置和种植行位置进行设计，一般来说，日光温室采用主管铺设在走道侧、支管向一侧的铺设方式，塑料大棚采用主管在中间、支管向两侧的铺设方式（图3-5）。无论是日光温室还是塑料大棚，都可采用膜上沟灌和膜下沟灌的模式。膜上沟灌时可在整地后做成宽50厘米左右，深10～15厘米的缓坡沟，直接将膜铺于灌水沟上，并在沟内作物附近扎孔以利于日后灌溉时水的下渗。膜下沟灌时先做成宽50厘米左右的小高畦，再在畦上开宽30厘米左右，深20厘米左右的灌水沟，将地膜覆盖在灌水沟上（图3-6）。注意在作物定植前要施入除草剂，以防膜下或沟内生长杂草，也可采用黑色的地膜防草。利用PE薄壁输水软管配合施肥装置将肥水混合液输送到作物根系附近。

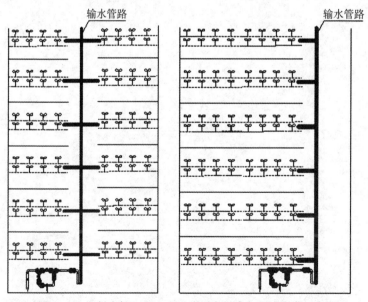

图3-5 塑料大棚（左）和日光温室（右）覆膜沟灌示意图

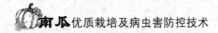

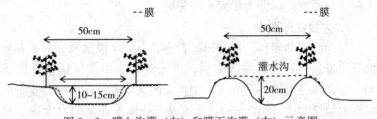

图3-6 膜上沟灌（左）和膜下沟灌（右）示意图

第四章

南瓜育苗技术

播种育苗是南瓜生产的第一关键环节，秧苗质量对于南瓜田间长势及产量具有重要作用，因此需培育健壮种苗。种苗的培育包括育苗前的准备、种子处理、播种、苗期管理及病虫害防治等环节。

一、育苗前的准备

1. 育苗容器

育苗容器的种类繁多，根据功能大致可分为穴盘（图 4-1）、营养钵（图 4-2）和纸袋等。

（1）穴盘

育苗使用的穴盘按照重量分为轻体、常规两种。轻体穴盘采用聚氯乙烯（PVC）制成，约 90 克/张，一次性使用不回收，价格低；常规穴盘采用聚苯乙烯（PS）制成，约 170 克/张，可回收重复使用 2～3 次。穴盘标准尺寸为 54 厘米×28 厘米。南瓜育苗常用的穴盘孔数为 32 孔或 50 孔。孔穴的形状多样，有圆形、方形、六边形、八边形等。穴盘的选择要考虑蔬菜种类和苗龄长短。

（2）营养钵

又称作育苗钵、育苗杯、育秧盆、营养杯。营养钵的种类很多，材质多为黑色聚乙烯塑料，具有白天吸热、夜晚保温护根、

图 4-1　穴盘育苗

保肥作用，干旱时具有保水作用。常见营养钵的钵口直径有多种，一般南瓜子叶较大，营养钵不宜过小，也不用过大，以省工节本，一般直径 10 厘米以上，高 10～12 厘米，钵底有 1 个或 3 个孔，用于排水通气。营养钵的最大优点是护根效果好，可以使用多年。

图 4-2　营养钵育苗

2. 育苗基质

集约化育苗多采用轻型基质，不仅具备良好的保水保肥性能、适宜的养分和 pH，而且通气性能佳、对根系有较好固着力，原材料多为泥炭（草炭）、蛭石、珍珠岩等。一般可购买正规厂家生产的混合均匀的商品基质，也可自行购买原材料进行配制，均需符合 NY/T 2118—2012 的要求（表 4-1）。自配基质可选择透气性强、排水性好、盐基代换量较高、缓冲性好、无虫卵、无草籽、无病原菌的优质泥炭、蛭石、珍珠岩，按体积比3:1:1 配制，每立方米加入 1 千克国标三元复合肥、0.2 千克多菌灵，加水使基质的含水量达 40% 左右。

表 4-1 育苗基质物理及化学性状指标

项目	指标
容重（克/厘米^3）	0.2～0.6
总孔隙度（%）	＞60
通气孔隙度（%）	＞15
持水孔隙度（%）	＞45
气水比	1：(2～4)
相对含水量（%）	＜35.0
阳离子交换量（以 NH$_4^+$ 计）（摩尔/千克）	＞0.15
粒径大小（毫米）	＜20
pH	5.5～7.5
电导率（毫西/厘米）	0.1～0.2
有机质（%）	≥35.0
水解性氮（毫克/千克）	50～500
速效磷（毫克/千克）	10～100
速效钾（毫克/千克）	50～600
硝态氮/铵态氮	(4～6)：1
交换性钙（毫克/千克）	50～200
交换性镁（毫克/千克）	25～100

泥炭是沼泽发育过程中的产物，含有大量水分和未被彻底分解的植物残体、腐殖质以及一部分矿物质，是育苗的主要营养来源。蛭石是一种层状结构的含镁的水铝硅酸盐次生变质矿物，原矿外形似云母，受热失水膨胀后呈挠曲状，形态酷似水蛭，故称蛭石，具有疏松土壤、透气性好、吸水力强、温度变化小等特点，能够有效地促进植物根系的生长和小苗的稳定发育。珍珠岩是一种火山喷发的酸性熔岩经急剧冷却而成的玻璃质岩石，形状如白色珍珠颗粒，可有效增加基质透气性和吸水性。由于泥炭为不可再生资源，目前开发出椰子纤维、松针、锯木屑、稻壳、秸秆、蘑菇渣等有机基质，不但可以大幅度降低栽培成本，而且减少了对资源的开采，在使用过程中需添加适量的有机肥增加营养。

3. 消毒

（1）棚室消毒（图 4 - 3）

①确定消毒时间

选择苗棚空闲期，消毒前对棚内及棚外的杂草、杂物进行清理，保持田园清洁，覆盖棚膜，关闭风口、门窗，形成棚室密闭环境。

②选择适宜的消毒方法

目前常见的棚室表面消毒的方法主要包括物理、化学、生物方法等。

A. 物理方法

高温闷棚。选择夏季连续晴好天气向室内地面洒水，连续闷棚 7~15 天，让棚温尽可能升高，一般晴天时棚内温度可迅速升温至 50℃，最高可至 70℃左右，此法操作简单，成本低。

B. 化学药剂法

包括熏蒸法和喷雾法。采用药剂熏蒸时，可选用甲醛加高锰酸钾，平均每 1 000 米^2 设施内部容积，将 0.8 千克甲醛加入 4.2 升沸水中，再加入 0.8 千克高锰酸钾，连续熏蒸 48 小时；采用药剂喷雾法时，选用广谱性杀菌剂，如 75% 百菌清可湿性粉剂 500 倍液、50％多菌灵可湿性粉剂 500 倍液。

C. 生物药剂方法

辣根素消毒。辣根素主要成分为异硫氰酸烯丙酯，属于新型植物源熏蒸剂，使用时，一般每亩使用 20％辣根素水乳剂 1 升，每升制剂兑水 3～5 升，采用常温烟雾施药机等器械在苗棚内均匀喷施，密闭熏蒸 24 小时后即可打开。此法对环境安全，无污染，可用于有机、绿色农产品生产。

图 4-3　育苗棚消毒

③消毒后通风

消毒闷棚后，在有防虫网的保护下及时开启风口通风，把棚内用药产生的有害气体全部排放出棚，避免因为通风时间过短，有害气体在棚内残留造成后期熏苗。此外，温室内没有气味时，人员方可进入。

消毒时还需注意：选准药剂、严格控制用药量；科学掌握用药安全间隔期；防止人员中毒。尤其是采用化学药剂和辣根素时，尽量选择专业化服务队，若自行消毒一定要注意防护，戴好专业防毒面具，穿好防护服，戴好手套，喷施完成后密闭温室，

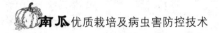

并迅速离开。

（2）穴盘消毒

用于育苗的穴盘应在育苗前 3 天进行清洗与消毒。先清除苗盘中的残留物，用清水冲洗干净，对于比较顽固的附着物，可用刷子刷净。之后可用高锰酸钾 5 000 倍液浸泡 30 分钟，或 40％甲醛 100 倍液浸泡 30 分钟，或多菌灵 500 倍液浸泡 12 小时，浸泡捞出后在上面覆盖一层塑料薄膜，密闭 7 天后揭开，用清水冲洗干净，晾干备用。

二、种子处理

1. 种子消毒

种子是植物进行繁殖的重要载体，同时也是病虫害传播的重要途径之一。种子携带病原菌不仅会影响种子出苗、幼苗生长，还会引起苗期和田间病害发生。因此，对种子进行消毒处理是消除种子病原菌、预防病害发生的有效方法。

（1）温汤浸种（图 4 - 4）

先将种子晾晒 3～5 小时，然后用 55～60℃的 5～6 倍种子体积的水浸泡南瓜种子 10 分钟，其间保持温度并不断搅拌，随后，待水温降到 25～30℃时，再浸泡 6～8 小时，冲洗干净后进行催芽。这样可杀灭种子表面及内部潜藏病原菌，预防种传真菌性病害，同时有一定激发种子活力、促进发芽作用。

（2）药剂浸种

可用广谱性杀菌剂如 50％多菌灵可湿性粉剂 500 倍液，在常温下浸泡 30 分钟，然后用清水连续洗几遍，直到无药味为止，沥干水分后浸种 10～12 小时。通过药剂与种子的直接接触及种子吸收药剂杀死种子表面和内部的病原菌。

2. 种子包衣

将含有农药、肥料、生长调节剂等有效成分的种衣剂按一定

图4-4 南瓜温汤浸种

比例均匀有效地包裹到种子表面。南瓜种子包衣可用克菌丹拌种法或包裹法，防止种子腐烂，预防苗期猝倒病、黑腐病、根腐病等病害。

三、播种

1. 播种时间

南瓜的播种育苗时间需根据栽培季节和茬口安排确定。一般南瓜茬口安排包括早春茬、春茬、秋茬、秋延后茬、秋冬茬、冬春茬等，前两者育苗集中在1—4月，后四者育苗集中在8—10月，因此育苗分为春季育苗和夏秋季育苗。春季育苗由于气温低，日照时间短，秧苗生长较慢，一般日历苗龄30~35天，而夏秋季育苗正好相反，气温高，秧苗生长快，日历苗龄约25天。因此，育苗需根据田间茬口安排提前做好计划。

2. 播种过程

（1）基质预湿

将基质浇水打湿，混拌均匀，呈手握成团、落地即散的状态

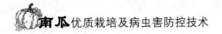

即可。

（2）装入容器

将预先湿好的基质装入穴盘或营养钵内，保证每个孔内装满，整体表面平整，刮去穴盘上多余的基质，使各个格室清晰可见。

（3）压穴

可用穴盘压穴工具进行压穴，也可将装好的穴盘层层叠加在一起，保证每一层上面穴盘底部正对下面穴盘的穴孔，利用重力作用让每个格室出现凹槽，尽量保证凹槽深度一致。若不一致，凹槽浅的穴盘需重复压穴。由于南瓜种皮厚，穴孔深度要稍微深一些，防止出土"戴帽"，一般穴孔深度约 1.5 厘米。

（4）播种

将准备的种子按一穴一粒放入穴孔。

（5）覆盖

播种后，用蛭石或基质覆盖，刮平穴盘多余材料，同样使各个格室清晰可见。

（6）浇水

把穴盘摆放至苗床，通过手持喷头或自走式喷灌车浇水，以穴盘或营养钵底部透水孔滴水为宜。为促进种子萌发，早春季节可在苗盘上方覆盖薄膜保温保湿，夏秋季可覆盖遮阳网降温保湿。

对于晚熟栽培的南瓜，一般于当地终霜期后直播。通常先催芽后直播，出苗比较快，也可采用干籽直播。每穴 3～4 粒种子，浇透水后，7～8 天可出苗。幼苗长至 1～2 片真叶时间苗，每穴保留 2 株健壮幼苗。

四、苗期管理

南瓜育苗阶段包括发芽期、幼苗期和出圃期。发芽期是指播种后至子叶展平、第一片真叶显露；幼苗期是指从第一片真叶显露至具有 4～5 片真叶；出圃期是指长至 4～5 片真叶到出圃定植移栽。不同时期管理措施不同。

1. 发芽期管理

南瓜种子从播种到子叶展平需 4～5 天，从子叶展平至第一片真叶显露需 4～5 天（图 4-5，图 4-6）。这一时期的管理分为两个阶段：一是播种后出芽前。保持基质湿度在 90% 以上，发芽适宜温度为白天 20～30℃，夜间 12～15℃，育苗床内的白天温度维持在 30℃左右。早春季节需根据基地条件采取相应加温措施，如苗床搭建小拱棚、铺设地热线、设施内加温等；夏秋季需采取适当降温措施，如风机、水帘、通风扇等。二是子叶拱土后。要及时通风降温，及时喷水，增强光照。及时揭去苗盘上方薄膜或遮阳网等覆盖物，增加通风。白天保持 20～25℃，夜间控制在 10℃左右，保持基质湿度在 60%～70%。若此时处于高温高湿状况下，幼苗下胚轴会生长迅速，易形成徒长苗。出苗后可喷水，可以使用花洒喷头并应用干湿交替法灌溉，每浇 2～3 次小水后浇一次透水，可以促进秧苗根系下扎。高温天气多喷，阴雨天气应适当减少喷水次数及喷水量。

图 4-5　发芽期

图4-6 子叶展平至第一片真叶显露

2. 幼苗期管理（图4-7）

幼苗期的管理包括温度、湿度和水肥。第一，温度方面。南瓜生长适温白天为20～28℃，夜间为13～18℃。第二，湿度方面。生长期间一般空气湿度控制在60％左右，基质湿度控制在60％～70％。早春温度低，做好放风管理。一般采用"一日三放风"，日光温室早晨卷起保温被，待室内温度回升后放风15～20分钟，降低室内湿度，增加二氧化碳含量；中午高温时段加大放风，随着春季温度升高，可适当延长放风时间，放风20分钟左右；下午再适当放风10～15分钟。夏秋季温度高，要加大风口，覆盖遮阳网。若遇连阴天，根据温室条件增强光照，可采用补光灯增强光照，擦拭薄膜增加透光率等。第三，水肥方面。根据天气、苗情和基质情况，适当浇水施肥。采用水肥一体化技术，将三元复合水溶肥充分溶解于水中，通过手持喷头或自走式喷灌车进行浇水，保持基质见干见湿，基质湿度在 60%～70%，施肥浓度在两叶一心期为 0.2%～0.3%，随着种苗长大，3～4 片叶可适当提高至 0.5%，促进壮苗培育。

图 4-7 幼苗期管理（覆膜）

3. 出圃管理

南瓜秧苗在定植前 7 天左右，需进行炼苗蹲苗，提高对环境的适应能力，缩短缓苗时间。炼苗时，需适当加强光照、增加通风量、控温、控水。加大棚室内空气流动，减少浇水，基质含水量控制在 50%左右。经过炼苗后，秧苗体内干物质积累量增加，自由水含量下降，适应性增强。此外，秧苗建议带药出圃，定植前用寡雄腐霉、枯草芽孢杆菌、特锐菌等广谱性杀菌杀虫剂进行一次细致的喷雾或蘸根，预防土传病害，增强抗病能力。也可使用一些促进生根的肥进行蘸根处理，提高苗的成活率。

五、苗期病虫害防治

南瓜苗期病虫害防治遵循"预防为主，综合防治"的植保方针，坚持"农业防治、物理防治、生物防治为主，化学防治为辅"的无害化控制原则。苗期主要病害有猝倒病、立枯病等，虫害有白粉虱、蚜虫、蓟马等。防治措施如下。

（1）做好环境清洁，把握病虫源头控制

棚内外做好杂草杂物清洁和设施内消毒。

（2）物理防治

覆盖防虫网。在设施通风口和人员出入口设置 30～40 目防虫网阻隔害虫；悬挂黄蓝板，在植株上方 5～10 厘米处悬挂黄蓝色板诱杀蚜虫、斑潜蝇、粉虱、蓟马等害虫，每亩设置中规格（25 厘米×30 厘米）30 张左右，或大规格（40 厘米×25 厘米）20～25 张，采用 Z 形均匀分布，东西向放置诱虫效果优于南北朝向。

（3）天敌防控

可选用丽蚜小蜂、烟盲蝽、捕食螨等生物天敌，防治蚜虫、粉虱、蓟马等虫害。

（4）药剂防治

优先选用生物农药，须通过正规渠道购买。针对霜霉病、灰霉病，可选用 100 万孢子/克寡雄腐霉菌可湿性粉剂 10～12.5 克/亩或 25% 嘧菌酯悬浮剂 1 500～2 000 倍液喷施；出现蚜虫时，可用 25% 噻虫嗪水分散粒剂 4 000 倍～6 000 倍液或 50% 抗蚜威可湿性粉剂 2 000 倍～3 000 倍液喷雾。注意轮换用药，严格掌握农药安全间隔期。阴天棚内温度高，建议采用粉尘药剂或烟雾药剂。

六、成苗标准

南瓜成苗标准（图 4-8）：苗龄 25～35 天，株高 10 厘米左右，茎粗 0.4～0.5 厘米，有 3～4 片真叶，根系发达、白色，无病虫害、无药斑、无机械损伤等。

图 4 - 8 成苗标准

第五章
南瓜栽培生产设施结构及环境要素

第一节　南瓜主要栽培方式

一、中国南瓜和印度南瓜的栽培方式

随着我国保护地设施的日益普及，中国南瓜和印度南瓜主要栽培方式有日光温室和塑料大棚。以日光温室早春茬栽培、塑料大棚春茬栽培、塑料大棚秋茬栽培和露地栽培最为常见。籽用南瓜栽培多以露地种植为主。中国南瓜和印度南瓜不同栽培方式下的播种期、采收期见表5-1。

表5-1　中国南瓜和印度南瓜主要栽培方式

栽培方式	播种期	采收期	栽培条件
日光温室早春茬栽培	1月上旬	5月上旬至7月中旬	日光温室覆盖
塑料大棚春茬栽培	2月中下旬	6月中旬至8月下旬	塑料大棚覆盖
塑料大棚秋茬栽培	7月中下旬	10月初至10月下旬	塑料大棚覆盖
露地栽培	5月上旬	9月上旬至10月中旬	一年单作区

注：表中播期、采收期以北京地区为例。

二、美洲南瓜的栽培方式

美洲南瓜包括飞碟瓜、金丝瓜、西葫芦等，春季和秋季播种

栽培，以春季栽培为主。一般采用露地栽培。目前，我国北方地区的美洲南瓜已实现周年生产供应。主要栽培方式有日光温室冬春茬栽培、日光温室春茬极早熟栽培、日光温室春茬早熟栽培、日光温室秋延后栽培、日光温室秋冬栽培、塑料大棚早春栽培、塑料大棚秋延后栽培、塑料小拱棚春早熟栽培、地膜覆盖栽培、春露地栽培、夏露地栽培、秋露地栽培。美洲南瓜不同栽培方式下的播种期、采收期见表5-2。

表5-2　美洲南瓜（飞碟瓜、金丝瓜、西葫芦）周年栽培主要方式

栽培方式	播种期	定植期	采收期	备注
日光温室冬春茬栽培	9月下旬至10月上旬	10月中下旬	12月下旬至5月中旬	
日光温室春茬极早熟栽培	12月中下旬	1月中下旬	3月上旬至5月中旬	
日光温室春茬早熟栽培	1月下旬至2月上旬	2月下旬至3月上旬	3月下旬至5月下旬	
日光温室秋延后栽培	8月上中旬	8月中下旬	9月下旬至12月下旬	
日光温室秋冬栽培	9月中下旬	9月下旬至10月上旬	11月上旬至2月上旬	
塑料大棚早春栽培	1月下旬至2月上旬	2月下旬至3月上旬	3月下旬至5月下旬	
塑料大棚秋延后栽培	8月上中旬	8月中下旬	9月中旬至11月中旬	
塑料小拱棚春早熟栽培	2月上中旬	3月上中旬	4月下旬至6月中旬	
地膜覆盖栽培	4月上旬	4月底至5月初	5月下旬至6月下旬	

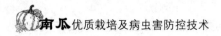

（续）

栽培方式	播种期	定植期	采收期	备注
春露地栽培	4月上中旬	4月底至5月初	5月下旬至6月下旬	
夏露地栽培	5月上中旬	5月下旬至6月初	7月上旬至9月中旬	夏季冷凉地区
秋露地栽培	8月上中旬	8月中下旬	9月下旬	

第二节　塑料棚构造与特点

采用设施栽培能创造小气候环境，且抗御自然灾害能力比露地生产强，可以进行多种类产品的春提前、秋延后及越冬的生产，提高单位面积产量，是有效提高单位面积产能、延长农产品供应期的栽培模式。设施栽培按结构一般分为加温日光温室、不加温日光温室及塑料大、中拱棚等，塑料大棚可满足南瓜类蔬菜冬季、春季和秋季生产的需要，应用较为广泛。

一、塑料棚构造及特点

1. 塑料棚的种类

通常把不用砖石结构围护，只以竹、木、水泥或钢材等作为骨架，在表面覆盖塑料薄膜的大型保护地栽培设施称为塑料薄膜大棚（简称塑料大棚）。生产中常用的塑料棚有塑料大棚、塑料中棚和小拱棚。塑料大棚跨度为8～15米，棚高为2～3米，面积为334～667米^2；塑料中棚跨度为4～6米，棚高为1.5～1.8米，面积为66.7～133米^2。塑料大棚和塑料中棚按棚顶形式又可分为拱圆型棚和屋脊型棚两种，因拱圆型棚对建造材料要求较低，且具有较强的抗风和承载能力，故在生产中被广泛应用。和日光温室相比，塑料大、中拱棚具有结构简单、建造和拆装方便、一次性投资较少等优点，适用于广大农村大面积应用，有利于推动现代农业、节水农业和避灾农业的长足发展。北京大面积应用的多为塑料大棚。目前常用的塑料大棚的类型主要有以下几种。

（1）竹木结构和全竹结构

竹木结构和全竹结构大中拱棚的跨度为 5～12 米，长度为20～60 米，棚高为 1.5～2.5 米。3～6 厘米粗的竹竿为拱杆，顶端形成拱形，其地下埋深 30～50 厘米，间距 1 米左右。分别在拱棚肩部和脊部设有 3～5 根竹竿或木棍纵拉杆，按拱棚跨度方向每 2～3 米设 1～3 根 6～8 厘米粗的立柱。拱杆、纵拉杆和立柱采用铁丝等材料捆扎形成整体。其优点是取材方便，建造简单，造价较低；缺点是棚内立柱多，作业不方便，寿命短，抗风雪性能差。

（2）无柱全钢和钢竹结构

无柱全钢和钢竹结构大中拱棚主要参数和棚形同竹木结构，用作拱架的材料有钢管、带有钢筋拉花作附衬焊接的钢架和辅以竹竿代替部分钢管、钢架的混合拱杆，拱杆用 1～3 道钢管或钢筋连接成整体（图 5-1）。与竹木结构相比，此种类型的大中拱棚无支柱，透光性好，作业方便，抗风雪性能好，但一次性投资大，钢材容易生锈，需间隔 2～3 年防腐维修。

2. 塑料棚的构造

（1）拱架

拱架是塑料大中拱棚承受风雪荷载和承重的主要构件，按构造不同，拱架主要有单杆式和附衬式两种形式。一般竹木结构和跨度较小钢管结构的塑料拱棚的拱架为单杆式，称作拱杆。跨度较大的无柱全钢和钢竹混合塑料大中拱棚，为保证结构强度，一般制成带有钢筋拉花作附衬焊接的附衬式拱架。竹木结构和全竹结构塑料大中拱棚的拱杆大多采用宽 4～6 厘米的竹片或小竹竿，在安装时现场弯曲成形，棚面角度在不影响排雨的情况下，以比较小的角度为宜。由于竹竿有粗细头，在安装时需两根对绑成形，为防止过早老化，粗头可通过蘸涂沥青处理后埋30～50厘米，竹片或竹竿竹节处需削刮光滑防止损坏薄膜，选用的竹竿最好是新采的竹竿且不宜放置时间过久，以利弯曲成形且弯成后具有较高的强度。钢管拱架和附衬式拱架的钢管需使用直径20毫米以上的钢管，附衬使用直径8毫米钢筋拉花焊接以提高强度，分别用直径20毫米和直径8毫米钢筋焊接成长50厘米左右的钢叉，用于钢架与地面的固定，利于安装和提高稳定性。

（2）纵拉杆

纵拉杆是保证拱架纵向稳定，使各拱架连接成为整体的构件。竹木结构和全竹结构塑料大中拱棚的纵拉杆主要采用直径4～7厘米的竹竿或木杆，钢结构塑料大中拱棚则采用与拱架同直径的钢管或使用钢筋焊接，也可使用直径4～7厘米的竹竿或木杆捆扎连接。

（3）立柱

拱架材料断面较小，不足以承受风雪荷载时，或拱架的跨度较大、棚体结构强度不够时，需要在棚内设置立柱，直接支撑拱架和纵拉杆，以提高塑料大中拱棚整体的承载能力。竹木结构塑料大中拱棚大多设置立柱，材料主要采用直径5～8厘米的杂木或断面8厘米×8厘米、10厘米×10厘米的钢筋混凝土桩，要求立柱与拱架捆扎或固定结实，不受田间操作尤其是灌水后土壤下陷的影响。

（4）山墙立柱

山墙立柱即棚头立柱，常用的为直立型，在多风或强风地区则适合采用圆拱型和斜撑型，后两种山墙立柱对风压的阻力较小，同时抵抗风压的强度大，棚架纵向稳定性能高。生产中根据实际情况，直立、圆拱和斜撑三种形式都有采用。

图 5-1　钢架塑料大棚

二、塑料棚的建筑规划及施工

塑料棚的施工建设要综合考虑自然条件和生产条件，做到合理选址、科学规划、规范施工。

1. 棚址选择

塑料棚建设的地址宜选在土地平整、水源充足、背风向阳、无污染的地点。

（1）光照条件

光照是塑料棚的主要能源，它直接影响大棚内的温度变化，影响作物的光合作用。为保证塑料大中拱棚有足够的自然光照，棚址必须选择在四周没有高大建筑物及树荫的地方，向南倾斜5°～10°的地形较好，在丘陵和山区南坡选择这样的地形非常方便。

（2）通风条件

选择既通风良好又尽量避免风害的地方，即避开风口、通风良好、有利于作物生长的地点。

（3）土壤条件

选择土层深厚、有机质含量高、灌排水良好的黏壤土、壤土或沙壤土地块。

（4）水源条件

拱棚生产必须有水源保证，要选择在水源较近、排灌方便的

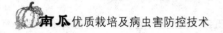

地方。

（5）交通条件

选择便于日常管理、便于生产资料和产品运输、距离村庄较近的地方。

2. 总体规划

塑料棚的建设应做到科学规划、因地制宜、就地取材、节约成本，尽量达到规范化生产、规模化经营的目的。

（1）规模

根据自然条件、生产条件、经济条件等合理确定建设规模，为了便于管理，在尽量提高土地利用率的前提下，要求棚群排列整齐，棚体的规格统一，建造集中。可采取棚群对称式排列，大棚东西间距不小于 2 米，棚头之间留 4 米的作业道，以便日常生产和管理。棚体长度以 40～60 米为宜，最长不超过 100 米，太长管理不便，跨度 5～12 米，过宽影响通风，在相同条件下，宽与长的比值小，抗风能力强，宽与长的比一般以 1∶5 为宜。棚体高度以能满足作物生长的需求和便于操作管理为原则，尽可能低以减少风害，棚体以中高 1.8～2.4 米、中边高 1.6～2.0 米、边高 1.3～1.5 米为宜。

（2）方向

棚体的方向决定了棚内的光照和温度。春、秋季节，南北向塑料大中拱棚抗风能力强，日照均匀，棚内两侧温差小。因此，规划时棚体以南北走向为主，尽量选择正向方位建设，也可根据地形特点因地制宜，合理利用土地面积。

（3）棚架与基础

棚架的结构设计应力求简单，尽量使用轻便、坚固的材料，以减轻棚体的重量。风对塑料大中拱棚的破坏，主要是受风的压力和引力作用，在棚架设计上，要考虑立柱和拱杆的间隔。施工时，立柱、拱杆、压杆要埋深、埋牢、捆紧，使大中拱棚成为一体。

3. 建造

(1) 搭建拱架

按照总体规划，在选好的建棚地块内放线，即按照规划拱棚跨度和长度画两条对称的延长线作为拱棚的边线，用米尺在棚的一端利用三角形勾股定理封棚。竹木结构或全竹结构的大中拱棚在边线上用钢钎对称打孔，孔深40厘米以上，把竹竿大头蘸涂沥青栽入，按照棚体跨度定棚中线，按高度拉线控制中高，相向细头的竹竿拉到一起进行对接，用铁丝、布带等捆绑扎紧形成拱形。钢架结构的大中拱棚只需将拱架两端或做好的辅助钢叉钉入土中。

(2) 架设纵拉杆

全竹结构或竹木结构的大中拱棚，用竹竿或木杆作纵拉杆35道，固定拉杆时，先将竹竿用火烤一烤，去掉毛刺，从大棚一头开始，南北向排好，竹竿大头朝一个方向固定，要求全部拉杆要与地面平行。钢架结构的大中拱棚固定拱架后，可用同直径的钢管或使用钢筋焊接，跨度较小的拱棚可用细钢丝作横拉杆，也可使用4～7厘米的竹竿或木杆捆扎连接。

(3) 栽设立柱

竹木结构或全竹结构的大中拱棚为保证棚体稳固，可每隔3米顶一根中柱，中柱顶端向下量10厘米钻孔，便于与纵拉杆固定，中柱沿中心线栽埋，埋深30厘米以上，先在其下端垫砖或基石，后埋立柱，并踏实，要求各排立柱顶部高度一致，在一条直线上，中柱顶端与纵拉杆接触部分用细铁丝或其他材料固定结实，肩部的立柱也垂直栽埋。

(4) 铺设地锚

为防止大风揭棚，一定要铺设地锚，不能隔一段距离使用斜向钉入的木桩代替。在棚体四周挖一条20厘米宽的小沟，用于压埋薄膜四边，在埋薄膜沟的外侧埋设地锚，地锚用钢丝铺设在棚两侧，使用埋深70～80厘米的锚石固定。

（5）扣膜

棚上扣塑料薄膜应在晴天无风的天气进行，早春应尽早扣膜以提高地温。根据通风方式的不同，有两种扣膜方式，一种是扣整幅薄膜，通过拱棚底脚放风；另一种是宽窄膜式扣膜，即将薄膜分成宽窄两幅，每幅膜的边缘穿上绳子，上膜时顺风向压30厘米，宽幅膜在上，窄幅膜在下，两边拉紧。棚膜扣好后要铺展拉紧，四周用土压紧膜边，然后用压膜线拉紧。

三、设施内的环境调控

1. 光照

塑料大中拱棚光照状况除受季节、天气状况影响外，还与拱棚的方位、结构、建筑材料、覆盖方式、薄膜种类及老化程度等因素有关。南北向延长的拱棚受光优于东西向延长的拱棚，钢架拱棚、钢架无柱拱棚受光优于竹木结构拱棚。一般棚内水平光照度比较均匀，但垂直光照度逐步减弱，近地面处最弱。新膜覆盖使用15～40天后，其透光率降低6%～12%。生产中尽量减少棚内不透明物体的存在，棚架、压膜线不需要过分粗大，尽可能采用长寿无滴膜，且经常清扫棚面，这样不仅可减少棚内遮光，而且可改善高秆作物的受光角度。同时通过调节株行距合理密植，高秧与矮秧、迟生与速生、喜强光与喜弱光等不同作物间作套种，合理的植株调整，如整枝、打杈、插架吊蔓、掐尖等管理措施来调控光照。

2. 温度

（1）地温

地温对作物的根系生长有着直接的影响，一天中塑料大中拱棚内最高地温比最高气温出现的时间晚2小时，最低地温也比最低气温出现的时间晚2小时，因土壤有辐射和传导作用，故棚内地温还受其他因素的影响，如棚的大小、中耕次数、灌水方式、通风方式及次数、地膜覆盖等。

（2）温度调控

利用塑料大中拱棚覆盖栽培的主要是春提前和秋延后作物，成败的主要因素是温度。棚内的温度调控主要通过保温加温、通风换气等措施来实现，加温与保温是开源与节流的关系，相辅相成。

①主要的保温措施

"围裙"保温，可提高夜温 10～20℃；二层膜、棚内套小拱棚、多层覆盖保温措施；防寒沟保温，在大中拱棚内侧挖沟，深40 厘米，宽 30 厘米。

②主要的加温措施

有熏烟加温、明火加温、简易火炉加温、热风炉加温、暖气加温、地炉加温等措施。因这些措施能量消耗大，有些措施成本较高，可结合保温措施，在特别低温或灾害性天气短时间应用。塑料大中拱棚的主要热源是太阳辐射，棚内温度随天气及昼夜交替而变化，存在明显的季节变化和日变化，棚内温度分布也不均匀。在高温季节，不会对生产造成高温危害，但低温霜冻时，无保温和加温措施则会产生冻害。

3. 湿度

塑料大棚气密性强，棚内空气相对湿度可达 80%～90%，密闭不通风时可达 100%。一般情况下，棚温升高，相对湿度降低，棚温降低，相对湿度升高，晴天、风天相对湿度低，阴天、雨天、雪天相对湿度高。棚内适宜空气相对湿度白天应为50%～60%，夜间应为 80%～90%。夜间相对湿度高，尤其在叶面结露时，病菌孢子极易萌发并入侵叶片而发病，是霜霉病、叶霉病等病害发生的重要元凶，因此调节棚内湿度，特别是夜间湿度是防治病害的重要措施。此外，如未选用无滴膜，生产中在薄膜下经常会凝结大量水珠，积聚到一定大小时水滴下落，使畦面潮湿泥泞，应当加强中耕和通风换气。

大棚内的空气湿度调控，常采取适当通风、勤中耕松土、合理灌水等措施。

（1）适当通风

根据作物特点和生长要求、棚内的温度和光照等情况采取适当通风措施。生产中常用的有两种通风方式：一是底脚式通风。优点是通风、抗风性能较好，缺点是早春气温较低，作物易受"扫地风"的危害，同时后期气温较高时不能有效通风降温。防止"扫地风"危害的办法是在底脚内侧用膜裙，起缓冲作用。二是宽窄幅膜扒缝通风。优点是不会产生"扫地风"危害，同时后期气温较高时能有效通风降温，缺点是抗风性能与底脚通风相比略差，棚内的空气流动也略差。又分顶风和腰风。一般顶风湿度调控效果较好，但容易漏雨。

（2）中耕松土

当棚内土壤水分不足时，中耕可以切断土壤毛细管，减少水肥挥发以利保墒。

（3）合理灌水

通过控制灌水量和灌水次数来调控棚内湿度，可改畦灌为沟灌，或M形畦膜下暗灌，利于控制灌水量，作物茎基部土壤疏松、透气、地温高，对根系发育有利。有条件的可使用滴灌或微喷灌设施，省水省工，省肥省农药。

此外要注意，棚内喷药防治病虫害，应选择在晴天上午进行，阴雨天尽量不喷药，必须喷药的话，最好采用烟熏剂与粉尘剂，以避免棚内空气湿度大，给病害的发生创造条件。

4. 气体

（1）拱棚内气体变化规律

塑料大中拱棚处于密闭条件下，由于大量施用有机肥料分解放出二氧化碳及作物自身呼吸放出二氧化碳，使得一天中清晨放风前二氧化碳浓度最高，之后随着光合作用加强，逐渐下降。同时，由于化肥、农药用量不断增加，会产生氨气、一氧化碳、二氧化硫、亚硝酸等有害气体，应加强通风换气，及时排出有害气体。

（2）气体调控

塑料大中拱棚的气体调控方法主要是通风换气和增施二氧化碳，目的是为了降温排湿，排放有害气体，补充新鲜空气和二氧化碳，以利于作物的生长和发育。

①通风换气

采取棚体两端放风、放底风、放侧风等措施，借助风力和内外温差的变化，造成空气的流动而通风。春季上午8—10时根据棚内温度适时通风，保持适温；下午3—5时，气温23～25℃时停止通风；夜晚结露时，在不构成低温危害的前提下少量通风排湿。为防止"扫地风"对幼苗造成低温冷害，放底风时要设置防风裙或循序渐进，逐渐加大放风量，使幼苗逐渐适应环境。对于跨度大、棚架长的塑料大中拱棚可用排风扇对其进行强制通风。

②增施二氧化碳

增施二氧化碳可补充作物光合作用所需的二氧化碳，也称作二氧化碳追肥，有直接补充法、反应法、使用二氧化碳发生剂等多种方式。

（3）有害气体的排放

塑料大中拱棚中的有害气体主要是氨气，其主要是未经腐熟的鸡粪、猪粪、马粪和饼肥等有机肥料在高温条件下发酵时产生以及大量施用碳酸氢铵和撒施尿素产生。棚内的氨气浓度达到5～10毫克/升，作物就会中毒。采取的措施：一是要施用充分腐熟的堆肥、厩肥和人粪尿，杜绝新鲜粪肥入棚。二是不能过量施用氮肥，并要配施磷钾肥。三是在保证正常温度的情况下进行通风换气，以排除过多氨气。

第三节　日光温室构造与特点

日光温室又称作冬暖型大棚，是20世纪80年代末期在单斜面大棚的基础上经改进而发展起来的，以太阳光为能源，冬春季节可以不加温生产喜温果菜的一种结构和性能优良的保护栽培设施。日光温室发展之初用于栽培南瓜的较少，近几年由于栗味南瓜作为礼品瓜的兴起，各地为抢早上市，获得高效益，纷纷采用日光温室种植小型南瓜，南瓜日光温室栽培面积迅速扩大。我国的日光温室分布广泛，结构类型繁多，北方地区主流日光温室按照墙体结构分主要有三类：土墙日光温室、砖墙日光温室、装配式日光温室。

一、日光温室类型

1. 土墙日光温室（图 5-2）

以寿光日光温室为代表，是以土墙为后墙、山墙，镀锌钢架或水泥立柱支撑构成。根据砌筑方法的不同分为干打垒墙、机打土墙、土坯墙和机压大土坯墙。前两种墙体直接用原土夯筑而成，其中干打垒墙是在模板中将潮湿松散的土通过人工或机械夯杵压实而成，机打土墙是用挖掘机将原土挖起铺置于墙体后用链轨车压实而成，土坯墙是用草泥或灰土浆将事先拓制晾干的、如同砖块一样的土坯砌筑而成，机压大土坯墙是在一个钢板箱中利用液压杆将松散的土壤挤压而成。其中，机打土墙由于材料成本低廉、建设速度快、保温性能好，成为山东日光温室的主流形式，并在华北地区广泛应用。

土墙温室推广应用面积最广的为寿光五代温室，脊高 4.0～5.5 米，跨度 10～12.5 米，长 80～120 米，土墙底宽 6～10 米、顶宽 1.5～2.5 米、高 3～5.5 米，采用下挖模式，温室内栽培面积下挖 0.4～1.2 米。分为水泥立柱与钢架无立柱两种类型，配备了保温被、自动卷帘机、轨道运输车等设备。

优点：一是温室保温性能大幅提升，在山东地区不加温条件下，冬季室内温度不低于 10℃。二是新型材料及设备的应用使得室内温度、湿度相对可控，病虫害发生得到控制。三是室内空间大，便于机械化操作，劳动效率有所提高。四是结构稳固，使用寿命在 15 年以上。五是建造成本相对较低（250～350 元/米^2）。

缺点：一是厚土墙用土量大，虽然就地取材，但土壤结构发生了重大变化，耕地表层土壤破坏严重。二是厚土墙占用 10 米以上土地空间，土地利用率较低（仅为 40% 左右）。三是采用下沉式结构设计，部分园区建成后存在地下水位高无法耕作、夏季雨水倒灌等问题。

图 5-2　土墙日光温室

2. 砖墙日光温室（图 5-3）

砖墙结构温室以第三代节能日光温室——辽沈 Ⅳ 型日光温室为代表，以砖墙复合结构为墙体，镀锌钢架为支撑。在我国东北、西北、华北地区以及山东均广泛应用，是目前我国北方地区日光温室的代表性结构形式。分为三层复合墙体温室和双层复合墙体温室。

（1）三层复合墙体温室

一般是在双层砖墙之间夹设保温材料，可以是松散的保温材料，如陶粒、蛭石、珍珠岩、土等，也可以是硬质的保温材料，如聚苯板，还可以是双层中空墙体（相当于双层砖墙之内夹设静止空气），利用静止空气的绝热特性来实现温室墙体的保温隔热性能。墙体总厚度 60 厘米以上。夹设松散保温材料容易吸潮降低保温性能，且保温材料随着时间推移会在自重作用下压紧下沉，造成下部保温层密实度加大，上部镂空，保温性能降低；而夹设硬质保温板时由于施工原因，保温板与墙体之间不能紧密贴合，保温板之间连接不够紧密，实际保温效果并不理想。因此，三层复合墙体逐渐演化为砖墙外贴保温板的双层复合结构。

（2）双层复合墙体温室

主要形式是墙体以砖石（如普通黏土砖、空心砖、灰沙砖、矿渣砖和泡沫混凝土砖等）为材料，厚度达到 37 厘米以上，外侧复合 10 厘米左右彩钢板、挤塑板、发泡水泥等刚性保温材料加防水层，一般墙体总厚度 60 厘米以上，是目前大面积应用的砖墙结构。温室跨度 10～12 米，脊高 4～6 米。配备棉被、棚膜及卷放设备。

优点：冬季夜间最低温度不低于 6℃，使用寿命在 15 年以上。相比土墙式日光温室，该类型温室后墙占地空间小，土地利用率提高了 1 倍以上。

缺点：造价相对较高（450～600 元/米²），保温性能略低于土墙式温室。

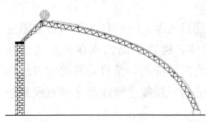

图 5-3　砖墙日光温室

3. 装配式日光温室

近年来北方地区发展的一类新型温室，其结构与普通砖墙温室基本相同，跨度 10～12 米，脊高 4.5～5.5 米，区别是以镀锌钢架＋保温被（板）替代砖墙或土墙，属于轻型墙体，也就是使用保温被或保温板做墙体和后屋面围护材料。柔性保温被材料包括涤棉、喷胶棉、草苫、针刺毡、塑料薄膜和发泡塑料等，也有按照防水、密封、抗老化和不同保温要求多重复合形成的复合材料，保温被厚 10～12 厘米。刚性保温板材料包括 EPS 空心砖（长×宽×厚为 1.2 米×1 米×0.2 米）、彩钢板、挤塑板等。实际温室建设中，有后墙、山墙和后屋面全部用柔性保温被进行围护的做法；也有用柔性保温被围护后屋面和后墙，用刚性保温板围护山墙的做法；还有所有墙体用刚性保温板围护，后屋面用柔性保温被围护的做法；更有全部墙体和后屋面都用刚性保温板围护的做法（图 5-4）。

a.保温被围护

b.保温被+塑料膜围护

c.EPS空心砖围护

d.挤塑保温板围护

图 5-4　装配式日光温室

此外，由于轻型材料失去了传统温室墙体被动储放热的功能，在装配式温室的基础上，进行了储放热功能的探索，包括相变材料储热法、水体被动/主动储热法、空气被动/主动储热法等，储热的部位也从墙体表面扩大到墙体内部和温室地面土壤。相变材料储热法多为后墙内表面铺设相变材料，水体储放热法包括使用水管、水袋、水箱、幕帘等，各种形式均有各自的优缺点，需进一步研究开发。

装配式温室配备棉被、棚膜及卷放设备，与砖墙或土墙温室相比，优点是温室为组装式结构，基本不破坏耕作层，对温室建设的土地性质要求不严苛，需要时还可拆卸搬迁，土地利用率较高（50％～65％），造价相对较低（200～300 元/米²）。缺点是保温性相对弱。

二、设施内的环境调控

1. 光照

光照不仅是日光温室内的光源，还是日光温室内的热源，光照状况的好坏直接影响日光温室的性能，所以增强光照是光照调节的主要措施。

光照调节措施：选用透光率高的无滴膜，经常保持膜面洁净；科学运用揭盖草帘等保温物的时间增加光照时间；在室内的后墙上挂反光幕（镀铝膜），可有效增强光照，提高气温和地温效果明显。

2. 地温

地温对作物的根系生长有着直接的影响。从水平分布来看，中部温度最高，由南向北递减，后屋面下低于中部，比前沿地带温度高；东西方向的差异不大，东西山墙内侧最低。地表温度东西差异较为明显，昼夜不一致，晴天白天，中部温度最高，向南向北递减，阴天与晴天的表现不同，夜间在后屋面下最高，向南递减，阴天和夜间地温变化较小。从垂直分布来看，晴天白天的地表温度以 10 厘米处最高，随深度增加而递减，下午 1 时达到最高，夜间以 10 厘米处地温最高，向上向下递减；阴天时，以

20 厘米处地温最高，地温昼夜相差很大。如果连续阴 7～10 天，其地温仅比气温高 1～2℃，可能对一些作物造成危害。

温度调节措施主要包括保温、增温和降温。一是可以充分利用后墙的蓄热、隔热作用，增加墙的厚度，从原来的 1.2 米增加到 2.2 米；在后墙外设风障，墙中填充隔热材料。二是选用保温材料来增加后屋面的厚度（30～40 厘米）。三是通过增加厚草帘等覆盖物，提高前屋面保温水平，一般可采用多层覆盖，单层草帘增温 1℃，单层草帘＋纸被可增温 17℃，单层草帘＋纸被＋无纺布可增温 19～20℃，单层草帘＋纸被＋无纺布＋小拱棚可增温 22～24℃。四是设防寒沟，减少大棚门口温度散失。

3. 湿度

日光温室在密闭的情况下，温室内形成与外界隔绝的一个小空间，地面蒸发和植株叶片蒸腾的水汽不能与外界进行自由交换，全部水汽滞留在温室内。此时温室内的湿度较大，一般温室内日平均相对湿度为 70%～100%，较棚外平均增加 22%。温室内湿度随温度变化而变化，温度升高，相对湿度下降，温度下降时，相对湿度逐渐升高。在春季晴天，温室内温度随日出逐渐升高，土壤蒸发和植株叶片蒸腾加剧，棚内水汽大量增加，随着通风，棚内湿度会下降，到下午关闭棚前，相对湿度最低。关闭棚后，随着温度的下降，膜面凝结大量水珠，相对湿度往往达到饱和状态。

调节湿度的主要措施为浇水和通风，通过减少浇水次数和每次的灌溉量来降低湿度，一般可采用滴灌设施、膜下灌溉、通风等方式来达到降低湿度的目的。

4. 气体

（1）日光温室内气体变化规律

日光温室处于密闭条件下，由于大量施用有机肥料，分解放出二氧化碳及作物自身呼吸放出二氧化碳，使得一天中清晨放风前二氧化碳浓度最高，以后随着光合作用加强，逐渐下降。同时，由于化肥、农药用量不断增加，会产生氨气、一氧化碳、二氧化硫、亚硝酸等有害气体，应加强通风换气，及时排出有害气体。

（2）气体调控

日光温室内的有害气体主要是氨气，其主要是未经腐熟的鸡粪、猪粪、马粪和饼肥等有机肥料在高温下发酵时所产生以及大量施用碳酸氢铵和撒施尿素所产生。日光温室的气体调控措施主要是通风换气和施用二氧化碳，目的是降温排湿，排放有害气体，补充新鲜空气和二氧化碳，以利于作物的生长和发育。

通风换气采取棚体两端放风、放底风、放侧风等措施，借助风力和内外温差的变化，造成空气的流动而通风。春季上午8—10时根据日光温室内温度适时通风，保持适温；下午3—5时可关闭窗口；夜晚结露时，在不构成低温危害的前提下少量通风排湿。

第六章
南瓜高产栽培技术

第一节　中国南瓜露地栽培技术

一、播种前种子处理

采用 50～55℃ 的温水浸种，水量为种子量的 5～6 倍，不断搅拌，待水温降至 30℃（6～8 小时后），把种子在温水中洗 2～3 次，沥干水分。沥干水的种子用洁净湿布擦去种皮上的水，然后用湿布包好，置于 28～30℃ 恒温箱中催芽，当种子露白、胚根长到 0.5～0.8 厘米时即可播种。

二、适时播种

播种期根据当年、当地的具体情况而定，基本原则是使幼苗出土时避开终霜，播催好芽的种子。长江流域一般在 2—4 月。早播用温床或冷床育苗，3 月中下旬以后，可催芽后直播。华南地区 2—9 月均可播种。主要分 2—3 月的春播和 8—9 月的秋播。露地南瓜播种建议在春季进行，此时的光照、气温和降水适宜，更有利于种子的萌发以及播种后的养护管理，播种成活率非常高。播种时要观察天气情况，选择天气晴好的时候进行播种。

穴盘或营养钵在播种的前一天要浇足水，播种时每钵（穴）放 1～2 粒催好芽的种子，芽眼向下，然后覆土 1 厘米，再淋 1

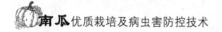

次水。春茬播种也可干籽直播。

三、定植前的田间准备

1. 土壤选择

中国南瓜的根系比较发达，吸收土壤中营养和水分的能力强，对土壤的要求不太严格。应该选择地势较高、肥沃疏松、排水良好及透气性好的沙壤土和轻壤土，低洼易涝的地块不宜种植南瓜，土壤为中性或微酸性，pH 5.5～6.8。如在新开垦的贫瘠土壤上种植中国南瓜，应多施有机肥以提高土壤的保水保肥能力。忌与葫芦科及茄科作物重迎茬，以免发生土传病害。在同一地块旱作连作间隔期为2～3年，水旱轮作为1年。

2. 整地施肥

整地作畦，畦宽3.8米左右，纵横开沟，沟深40厘米以上，要求沟直畦平，土块细碎。施足基肥，每亩撒施优质农家肥3 000～5 000千克，穴施在畦两侧（距沟30厘米左右），穴距50厘米。移栽前3天全田喷施多菌灵600倍液和氯氰菊酯800倍液，杀灭田间病菌和地下害虫，同时覆上黑色地膜，等待移栽。

四、移栽定植

根据种植区域的不同，一般于4月上旬至5月上旬大苗定植，浇足定植水，用土将栽培地周围盖严。为延长坐瓜时间，提高单位面积产量，4月中下旬定植宜采用扣顶膜、支小拱棚的方法，以确保定植成活率。5月上旬定植的覆盖地膜即可。一般单穴单苗栽培，行距为3米，株距为0.4～0.5米，每亩500～700株。露地定植以绝对晚霜期过后、地温在15℃以上为基本时间，定植时的苗为两叶一心期。

五、田间管理

1. 整枝、压蔓、掐尖

中、早熟品种一般只留主蔓生长，把子蔓、孙蔓全部摘除，并在主蔓长40～50厘米处开始压蔓，共压3～5道。瓜坐住以后，留3～4片叶掐尖。晚熟品种在植株长到6～8片真叶时把顶芽摘除，留2～3根侧枝，保留的茎蔓均须将其引向畦对面生长。在每条子蔓上留1个瓜。露地南瓜种植情况见图6-1。

图6-1　露地南瓜

2. 肥水管理

苗期叶片颜色浅且发黄时，可以结合浇水，每亩追施5千克尿素。一般在南瓜伸蔓前，墒情好尽量不浇水，可中耕提高地温，促进根系发育。前期注意控制水肥，待生长中期结1～2个幼瓜时，追肥2～3次，在距离结瓜部位枝蔓的前方10厘米处开埯，每次每亩随水追施15～20千克复合肥。生长中期如营养生长过旺，可将瓜蔓轻轻提起，以切断南瓜不定根，降低营养吸收速度，或者在离根部 1.5 厘米处将主蔓轻轻旋转，减少营养成分输送。采收前 10～15 天停水。结瓜期间如遇干旱或降雨过多，应及时浇水和排水。

3. 中耕

中耕 2～3 次，深 3～5 厘米，离根系近处略浅，以不松动根系为宜。

4. 保花保果

要想保证每株结 3～5 个瓜，主要的措施是进行人工辅助授粉。若遇夏季高温多雨时，可选用坐果灵来授粉，提高坐果率。待果实坐住后，要尽早摘除难成熟、果形不周正等瓜。

5. 病虫防治

整个生产期基本不发生病害，抗病力强，苗期有蚜虫危害，注意后期温度高时，防治白粉病的发生。

6. 适时采收

南瓜坐果后 35～55 天（成熟后）即可采收。南瓜成熟的外部特征是瓜皮转色。采瓜时要轻拿轻放，不要碰伤，连带果柄摘下。

第二节　印度南瓜设施栽培技术

一、培育壮苗

1. 选种

播种前挑选具有本品种特征特性的饱满种子，去畸形、霉变以及杂、瘪、破籽等。根据栽培面积、种子发芽率和千粒重确定播种量。播种前将南瓜种子在阳光下适当晒 1～2 天，用以种子消毒，提高种子生命力，促进出苗整齐。

2. 营养土准备

为了保证幼苗良好的生长发育，育苗土应选用保水、保肥、通气性好和营养含量适中的营养土。常用的营养土配制有鸡粪与田园土1∶3，泥炭与田园土3∶7，废旧蘑菇渣料与田园土2∶1，田园土选择未种过瓜类作物的土壤。

3. 种子处理及播种

一般采用温汤浸种，用50～55℃的温水烫种，其间不断搅拌，待水温降至30℃，浸种4～6小时，使种子充分吸水。再搓洗掉浸泡好的种子表面黏液，捞出用清水冲洗干净，再用洁净湿布擦去种皮上的水，然后用湿布包好，置于28～30℃恒温箱催芽，种子胚芽长0.5～0.8厘米时即可播种。可播于营养钵、育苗盘或育苗块中，每钵（穴）里播种1～2粒，浇足底水，盖上薄膜，做好保温保湿工作，以利于出苗。

4. 播种后管理

当1/3种子出苗时，要及时揭去薄膜，防止徒长苗的发生。播种后至出苗前白天苗床温度保持28～30℃，夜间14～16℃。出苗后应及时降温，以防徒长，白天不超过25℃，夜间15℃左右。出苗后，晴天要尽量多见光，阴雨天要以保温为主，但遇到连续阴雨天，也要适度进行通风换气。苗期尽量不要浇水，但营养钵表面发白时需要进行浇水。待苗长出3～4片真叶时开始定植，播种较晚的可在催芽后直播。定植一周前要通风炼苗，同时注意控制水分，防止幼苗徒长。

二、整地作畦

1. 棚室准备

生产上一般要求在定植前30天盖膜扣棚，两周后深翻土壤，晒地一周。

2. 做畦施肥

在定植前一周完成整地施肥及做畦工作。采用南北向开沟，沟内施腐熟有机肥及三元复合肥作基肥，每亩施腐熟有机肥4～

5 米³，三元复合肥或磷酸二铵 30～50 千克，然后起垄做畦，畦宽 40～50 厘米、高 15～20 厘米，垄距 1 米，覆盖地膜以提高地温及防止出现杂草（图 6 - 2）。

图 6 - 2　开沟施肥

三、幼苗锻炼

定植前一周进行炼苗处理，使幼苗适应大棚的环境条件。要逐渐降低棚内温度，白天温度控制在 25℃左右，夜间控制在 12℃左右。定植前严格控水，根据天气情况和具体苗期适当浇少量水，以不萎蔫为宜。

四、定植方法

定植应选择在晴天上午进行，定植的最佳苗龄为三叶一心。采用单行定植的方法，每亩定植 550～600 株，株距 1.2 米。定植前一天打好定植孔，将苗从育苗盘中取出，平放入定植孔内，周围用土填实（图 6-3），定植后及时浇定植水，每亩浇 5～8 米^3 水（图 6-4）。

图 6-3 定植

图 6-4 浇水

五、定植后的管理

1. 温度管理

伸蔓期（图 6-5）：从第五片真叶出现到第一朵雌花开放为伸蔓期，20～25 天，此时期地下和地上部分生长旺盛，是为果实膨大期奠定物质基础的关键时期。为防止植株生长过旺，通过水肥管理、及时整枝并对茎叶的生长做适当的调整来确保营养生长和生殖生长的平衡。此期间茎叶的生长适宜温度白天为 28～30℃，夜间为 15～20℃，如果长时间处于 13℃ 以下、40℃ 以上，会造成生长发育不良等影响。

图 6-5　南瓜进入伸蔓期

结果期：从第一朵雌花开放到果实成熟为结果期。结果期的长短与品种的特性有关。早熟的印度南瓜结果期在 35 天左右。此时期由营养生长转变为生殖生长。此时期白天温度控制在 25～28℃，夜间控制在 14～16℃，通过风口控制，适当增大昼夜温差。

2. 光照管理

在光照度 24 000～28 000 勒克斯时，主蔓的日增长量为10～14 厘米，在光照度 10 000～14 000 勒克斯时，主蔓的日增长量仅有 0.4～0.8 厘米，开花结果期推迟 7～10 天。同其他瓜类作物一样，短日照有利于雌花分化和形成，冬季和早春育苗，温度低，日照时间短，有利于形成雌花，主蔓第 5～10 节就有雌花；而在夏季高温长日照季节，雌花可能出现在主蔓第 15～20 节。

3. 水肥管理

水肥管理遵循"前控、中促、后保"原则。南瓜需肥量大，根系吸收力强，其生长习性是前期易徒长，因此前期要适当控制肥水（特别是氮肥），以免徒长。在基肥精施下，定植后可根据植株长势浇一次缓苗水，每亩浇水 8～12 米^3。待植株进入伸蔓期，随水追施伸蔓肥，每亩浇水 12～15 米^3，施 2～3 千克三元复合肥，一般到植株坐果授粉期不再浇水施肥，以防止瓜秧疯长，开花坐果延迟，授粉后坐瓜困难。在果实全部坐住后，浇第一次膨瓜水，每亩浇 35～40 米^3，随水施用三元复合肥 20～25千克；20～25 天后浇第二次膨瓜水，每亩浇 20～25 米^3，随水追施三元复合肥 10～15 千克。采收前 10～15 天停止浇水。

4. 植株调整

植株调整包括摘心（图 6-6）、打杈、摘叶、疏果、搭架等。整枝打杈是印度南瓜栽培中重要的管理环节。早熟印度南瓜可主蔓结瓜，需及时去除多余侧枝，以减少养分消耗，促进早结果。栽植密度大时，每蔓留 2～3 个瓜，在瓜秧的顶芽附近保留1～2 片叶片后打顶。中、晚熟印度南瓜的整枝方式为多蔓整枝，即南瓜苗长到 4～5 片真叶时，及时摘心；待发生侧蔓时，选择从瓜苗基部分生出来的长短、大小一致的 2～4 条侧蔓作为结瓜主蔓，其余侧蔓要全部打掉，每蔓留瓜 1～2 个，瓜前留 4～5 片叶片打顶。

图 6-6 摘心

　　印度南瓜设施栽培中，大多采用吊蔓栽培方式（图 6-7），即当瓜秧伸蔓至 10 节以上时开始吊蔓，吊蔓时保证第一个瓜离开地面即可，以后随着瓜秧的不断生长要及时引蔓吊秧。同时及时摘除根部和瓜秧上长出的侧枝，打掉底部老叶、病叶，降低植株养分消耗，以利于通风透光。

图 6-7 吊蔓

地爬栽培可在植株茎蔓生长到 66 厘米时及时进行整蔓，每株留 2～3 条侧蔓，并去除多余的侧蔓，使侧蔓均匀分布于地面，并分期压蔓 3～4 次，每隔 33～66 厘米压一土块，使蔓的节部生不定根，可增强吸肥力，防止风吹动瓜蔓，影响结瓜。

5. **辅助授粉**（图 6-8）

印度南瓜一般采用人工辅助授粉或植物生长调节剂处理的方式促进坐果。南瓜雌花一般于凌晨开放，选择当天开放的雄花，将花粉均匀地涂在雌花柱头上。晴天上午 6 时半至 9 时是最佳授粉时机。如遇阴雨天，也可以用植物生长调节剂促进坐果，但要注意使用的浓度，按说明书配制，浓度过高易产生畸形瓜。

图 6-8　授粉

6. **疏果留果**

留果的位置和数量因品种和整枝方式确定（图 6-9，图 6-10）。一般小型南瓜当子蔓长至 16～18 片真叶时会出现连续坐果现象，如果连续坐果太多，可去掉子蔓下部和上部的果实，当每条瓜秧上坐瓜达到 4～5 个时，在瓜秧的顶芽附近保留 1～2 片叶片后去掉生长点，促进果实快速膨大。中果型南瓜选留 2～3 个幼果，其余摘除。定瓜后摘心，以控制植株继续生长，一般在最上部定果后面 4～5 片叶片处摘心。

图 6 - 9　小型南瓜留果

图 6 - 10　中果型南瓜留果

7. 采收

为了确保南瓜优质高产，一般可在授粉后 40～45 天采收。当果实果皮颜色转变且光泽度降低，果柄开始木质化，且木质化部位从绿色逐渐变成白色即可开始采收。采收后要进行合理的贮藏，南瓜的风干过程至少需要一周。放置于凉爽的环境中，保持较低的温度，使果实表面干燥。风干的目的是预防炭疽病等病的病原从伤口侵入，促进果实成熟、提高风味，使果梗部干燥化，延长贮藏时间。

第三节　籽用南瓜露地栽培技术

一、选地及整地

1. 地块选择

籽用南瓜根系发达，耐旱，喜偏酸性肥沃土壤，应选择排水较好、土质疏松、透气性好的地块，不宜选择低洼易涝的地块。根据前茬作物及用药情况选地时，应考虑以玉米、小麦、高粱等禾本科作物茬为好，其次为大豆、马铃薯茬，不宜与同科、同属作物及茄科作物连作及重迎茬，不能在施用长残效、高残留农药的地块种植，会对南瓜的生长及籽粒品质有一定影响。

2. 整地

南瓜怕涝，需进行整地深翻、起垄、细碎表土，以上虚下实为宜。最好采取垄作方式，垄作既提高了地温，又防止内涝。若春季整地，宜早不宜晚，顶浆打垄，打垄后镇压，以防跑墒。

二、选种及种子处理

1. 品种及种子选择

根据种植地区的积温条件及不同品种生育期，选择耐低温、抗病、产量高的籽用南瓜品种。选择质量符合国家标准审定推广的产量高、品质好、抗逆性强、籽粒饱满、无病菌感染、纯度95%以上、净度99%以上、发芽率95%以上，能适期成熟的优良种子。

2. 种子处理

种子处理有利于早熟、高产、优质、防治病虫害，待播的种子一定要经过精选、晒种（2～3天）、浸种、消毒、种衣剂包衣等步骤。

（1）温汤浸种

温汤浸种方法简单，易于操作，使用广泛，此法可以杀灭种子表面及内部的病菌。具体操作是将种子放入种子量 3～4 倍的 55～60℃温水中浸烫（55℃是病菌的致死温度），并进行搅拌。待水温降至 40℃左右时，停止搅动，浸种 4～6 小时，使种子充分吸水后沥干待催芽。

（2）常规药剂消毒

①防治枯萎病和炭疽病

可用 100 倍液福尔马林浸种 30 分钟。

②防治蔓枯病

选用无病种子，或者用 40％甲醛 100 倍液浸种 15 分钟。

③防治细菌性角斑病

选用无病株、无病瓜留种，用次氯酸钙 300 倍液浸种 30～60 分钟，或者用硫酸链霉素 5 000 倍液浸种 2 小时，之后用 5％盐酸溶液浸种 5～10 小时。

药剂消毒达到规定的处理时间后，用清水洗净，然后在 30℃的温水中浸泡 3 小时左右，浸种时间不宜过长或过短。时间过短，种子吸水不足，出芽慢，易"戴帽"出土；时间过长，种子吸水过多，易裂口，影响发芽。一般饱满的新种子浸种时间可适当延长，在 4 小时左右，陈种子、饱满度差的种子浸种时间稍短，为 2～3 小时。另外，需要严格掌握药剂浓度和处理时间才能收到良好的消毒效果。

（3）种子药剂包衣处理

称量需要进行包衣处理的南瓜种子重量，以便计算需要加入的药剂数量。处理前先把种子放到准备好的塑料自封袋中（注意检查自封袋的密封性），之后将药剂摇匀，按照药剂重量：种子重量为 1：20 的比例将药剂加入自封袋中，在自封袋中留有一定体积的空气后将自封袋封好密闭。用手握住自封袋用力摇晃，使自封袋中的药剂与种子充分混合均匀。将包衣之后的种子从自封袋中倒出摊开，放在阴凉通风处，把种子晾干。所有包衣处理后的种子可以直接播种，切记不需要再进行任何的浸种催芽等处理。

三、播种育苗

由于各地气候条件不同，种植南瓜的时间不同。适宜播期在5月，如覆膜可适当提前播种10~15天。籽用南瓜大多采用露地栽培，播种时一定要注意地温。北方播种时间以5月中旬为宜，南方可适当提前播种。播种量为1.5~2千克/亩，保苗株数为800~1000株/亩。人工播种，起垄做畦，一般垄距70厘米，株距70厘米。刨穴坐水种，每穴下种2~3粒，覆土4~5厘米。要求下种均匀、深浅一致、株行距一致、覆土严密。

四、施肥

1. 基肥

南瓜整个生育期对养分的吸收以氮、磷、钾肥最多，但要注意慎施氮肥。整个生育期要做到有机、无机肥结合，基肥、追肥合理。基肥以有机肥为主，每亩施腐熟优质农家肥2000~2500千克，三元复合肥50千克，并结合整地或播种施入。有机肥不足时，可补施平衡肥（氮：磷：钾＝15：15：15）15~20千克/亩。在整地施肥时，要深施于播种的垄内。

2. 追肥

籽用南瓜苗期对肥料需求量较少，进入瓜膨大期对氮肥、钾肥的需求量急剧增加，而对磷肥的需求量增加较少。一般追肥分3次进行，第一次在伸蔓期，当瓜蔓伸长到3~4厘米，即5~6片叶时，根据苗情适当追施有机肥10~15千克/亩；第二次在果实全部坐住后，随水施用三元复合肥 20～25 千克/亩；20～25 天后浇第三次膨瓜水，随水追膨瓜肥（三元复合肥）10～15 千克/亩。采收前 10～15 天停止浇水施肥。

五、田间管理

1. 查苗、定苗

播种后 7～15 天出苗时查田补种，保证全苗；在瓜苗 2 片真叶时及时定苗。对缺苗的埯要补苗。补苗时可从埯内多苗处移苗，补苗后及时浇水。为方便补苗，在播种同时，可用营养土块或纸袋育一部分备补苗。

2. 培土

苗伸蔓后，要及时定向引蔓、摘除侧蔓、压蔓培土。

3. 除草

苗期可人工、机械除草，以禾本科杂草为主的地块，每公顷用 24%烯草酮 750 毫升或 10.8%高效氟吡甲禾灵 750 毫升兑水 300 升，在杂草 2～3 叶期，均匀定向喷雾于杂草茎叶；以阔叶杂草为主或混生杂草的地块，每公顷用 20%敌草快 3 000 毫升或用 20%草铵膦（气温高于 20℃以上时）2 000 毫升兑水 300 升，加防护罩定向喷雾于杂草茎叶。苗后除草，要求药液雾滴要细小，以药液喷施在杂草叶片表面、不落于地表为宜。

4. 加强中耕作业

南瓜苗期生长较快，当瓜苗长出 2～3 片真叶时，结合间苗、定苗可进行中耕作业，以提高地温，促进根系生长。封垄前做到中耕两次，结合田间作业，将出现的杂草及时除掉，但不要损伤幼苗。

5. 植株调整

当瓜蔓长至 70 厘米左右时，只留一主蔓，其余侧蔓全部去掉，如主蔓受损或主蔓雌花出现过晚，可于早期去掉主蔓，只留一条侧蔓。植株只留 50 厘米以上的果形周正、无损伤的瓜 1 个，其余瓜全部打掉，并在瓜后两片叶节处横垄压蔓，使瓜固定在垄台上。当蔓长到 1.5 米左右时，在瓜前 7～8 片叶处掐尖，并把蔓梢部用湿土埋上。

6. 人工授粉

南瓜是雌雄同株虫媒花授粉作物，花期处于高温高湿雨季，虫源少且活动不利，自然授粉不利于优质高产，需人工授粉，增加坐果率。早晨 3—9 时将雄花花瓣去掉，用花药在雌花柱头一触即可，1 朵雄花可授 2～3 朵雌花。有条件地区可用蜜蜂传粉，每亩放 2～3 箱蜂，能提高产量 10％～15％。

7. 促早熟

当有效瓜定形时，摘除无效花，将垄沟里的瓜放在垄台上并翻个，将瓜上枝叶去掉一部分，让瓜露出，以利于下部通风透光，促进早熟。

六、成熟与采收

9 月上中旬，待瓜表面出现一层白蜡状物质，并有许多小瘤状凸起，用指甲掐不进瓜皮时，要及时采收。采收时按照成熟度分批、分类带果柄采收、堆放，果实经 10～15 天后熟，可使瓜籽更饱满。严冬季节要防止受冻。

第四节　其他南瓜栽培技术

一、观赏南瓜栽培技术

观赏南瓜又称作玩具南瓜，瓜形奇特，有长形、圆球形、梨形、香炉形、心脏形、皇冠形、长颈形、曲颈形、梭形等，果皮色彩斑斓，有黑色、绿色、浅绿色、深褐色、浅褐色、深黄色、浅黄色、橙黄色、金黄色、红色、白色等，表面特征有光滑、浅沟、深沟、多棱、皱缩、瘤状突起、底部突起、顶部突起等，极具观赏价值。观赏南瓜这一特殊类群主要有中国南瓜、印度南瓜、美洲南瓜，其植株形态主要有矮生型、半蔓生型和蔓生型。主要进行露地栽培、设施栽培，以支架栽培或棚架栽培为主。

1. 品种选择

选择观赏南瓜品种以蔓生型、半蔓生型品种为主。主要观赏果实的形状、大小、皮色和数量。包括以大果型为主、果数宜多、重量宜大、皮色宜艳等。如用于玩具南瓜生产，瓜皮要厚、硬。

2. 播种育苗

观赏南瓜育苗方式可参照普通南瓜。观赏南瓜喜冷凉气候，不耐高温，生长温度为 10～35℃，最佳生长及结瓜温度为 18～25℃。春季栽培于 2—3 月播种，秋季栽培于 8—9 月播种。

3. 整地施肥

种植前对土壤进行深耕细耙，并一次性施足基肥，一般每亩施腐熟有机肥 2 000～3 000 千克、三元复合肥 20～30 千克，将肥、土混匀，然后做畦，畦宽 1 米、高 30 厘米，沟宽 40～50 厘米。

4. 定植

对于直播地膜覆盖的观赏南瓜，等幼苗破土长出 2 片真叶后，可让幼苗从地膜的孔间穿出生长，但早春气温较低，一般仍需小拱棚覆盖。等幼苗长出 3～4 片真叶后，气温回升，可掀开小拱棚及棚膜。对于育苗棚育苗的观赏南瓜，可在幼苗长出 4 片真叶时开始定植，一般每亩 1 200～1 500 株。

花盆栽培可选取直径 25～35 厘米、高 30～40 厘米的塑料或陶瓷花盆，培养土可按泥炭土∶河沙∶珍珠岩为 5∶3∶2 的比例配制。装入培养土前，每盆在底部加入 250 克左右的花生麸或鸡粪作基肥。幼苗两叶一心时即可定植。定植选择晴天的傍晚,定植前半天淋透水,定植后淋足定根水,夏季要在棚顶覆盖遮阳网。

5. 肥水管理

定植 7 天后,用 1% 的复合肥水溶液淋根,促发新根。伸蔓至开花前,每周施一次 2% 的复合肥水溶液,使植株生长健壮。开花至坐果期间要加强水肥,促进植株生殖生长和提高坐果率。一般在坐 2~3 个果后,每亩追施三元复合肥 20~25 千克,促进幼瓜膨大及保持营养生长和生殖生长旺盛,方法是在距茎基部 25 厘米外的范围采用穴施或条施(基部施肥太近会引起烧根),施后淋水。盛果期、采收期视植株的坐果情况和叶色,再追施一次肥料,方法同上。

6. 引蔓整枝

当苗高 25~30 厘米时,就要插竹或吊绳引苗向上生长;南瓜在生长过程中会分生较多的侧蔓,但观赏南瓜以主蔓结瓜为主,所以 1 米以下的侧蔓要及时全部摘除,以免消耗营养,影响开花结果。在主蔓上棚架后可适当多留 1~2 条侧蔓增加结果。如果是装饰园区、画廊,可以将蔓引向预先设计好的棚架上,一般不用打顶摘心;如果是种植在花盆里,也要将蔓引向预先设计好的框架上,绑蔓,满足要求后,要打顶摘心,保持美观造型。

7. 人工授粉

开花后最好采用人工授粉,一般每天早上 8 时开始授粉,选择当天开花的雄花,除去花冠,将雄蕊的花粉涂到雌花柱头上。如果太早授粉,花粉未散;太迟授粉,花粉会失水降低活力,影响坐果率。

8. 采收与销售

观赏南瓜的果实主要用于观赏和作为玩物。如果食用,可在成果后 20 天左右,果皮没有变硬前采收,方法是用剪刀带柄采收。如果用于观赏或作艺术品，则要待果实充分老熟，果皮变硬时采收，否则存放时间不够长（正常老熟瓜可存放半年以上），很快失去观赏价值。观赏南瓜可供游客欣赏及自行采摘，也可将产品瓜拿到市场上作为观赏物、玩具出售。出售时注意给每种瓜取个有趣的名字，以提高商品价值。也可于嫩果时在瓜表皮刻写上诗词，待老熟后采收晒干，很有欣赏、留念价值。

二、盆栽南瓜栽培技术

1. 品种选择

选择盆景南瓜品种主要考虑盆景植物栽培的特殊性和观赏特性。盆景南瓜品种以观赏果实为主。

2. 花盆选择

一般花盆栽培可选取盆径 25～30 厘米、高 30～40 厘米的塑料或陶瓷花盆。

3. 盆栽基质选择

盆栽的特殊性要求栽培基质有很好的透气性和较强的持水保肥能力。最好进行无土栽培，用泥炭、蛭石和充分腐熟的有机肥按一定比例配制而成。一般情况下，培养土可按泥炭土：河沙：珍珠岩为 5：3：2 的比例配制，装入培养土前每盆在底部加入250 克左右的花生麸或鸡粪作基肥。

4. 定植时间

选择晴天的傍晚，定植前半天淋透水，定植后淋足定根水，夏季要在棚顶覆盖遮阳网。盆栽南瓜的定植时间依计划的开花结果时间和苗的大小而定。一般南瓜从定植到开花需要 35～45 天，幼苗出现 3～4 片真叶时即可定植，苗龄为 25～35 天。如果用穴盘育苗，子叶平展、心叶出现就可定植，从播种到定植需要10～15 天。具体定植操作同普通南瓜。

5. 肥水管理

水分管理方面，由于盆栽根系没有地栽的发达，保水性也差些，因此盆栽南瓜浇水频率比地栽的要高些。浇水时应干透后再浇透。如果小水常浇，导致盆内长期高湿，容易引起烂根。肥料管理方面，在施足基肥的情况下，盆栽追肥比地栽追肥麻烦，必须根据栽培数量和每盆的追肥量计算好追肥总量，统一用水配制好后，平均浇到每个花盆，以保证肥水一致。一般情况下，追肥的数量和次数是在幼瓜坐住后开始随水追肥，每亩穴施腐熟的有机肥 100 千克加钾肥 5 千克，之后每 15 天左右追肥一次，每次施三元复合肥 20 千克（追第一次肥时结合浇水，以后 7～10 天浇水一次）。一定要在晴天上午进行，浇后加强通风，降低室内空气湿度。

6. 温度管理

由于盆栽南瓜的整个植株都在地面之上，受环境条件影响大，尤其是温度，往往是随着气温的升高，盆内根系温度上升比地栽的快，而晚上由于气温下降，盆内根系温度又比地栽的下降快。因此，寒冬季节盆栽南瓜在早晨太阳出来后可适当比地栽的早揭草苫，以便尽早提高根系温度；晚上可比地栽的早盖草苫，以便保留较高的根系温度，防止冻害发生。而春秋季温度较高时，盆栽南瓜要比地栽的早盖遮阳网，以防止根系温度上升太快，影响植株正常生长。

7. 挪盆

为防止盆栽南瓜通过盆底排水口往土里扎根，要定期进行挪盆。一般 10 天左右挪一次盆。

8. 植株调整

盆栽南瓜植株调整包括支架和整枝打杈、绑蔓等。支架材料一般为竹质、木质或钢筋，要求在其表面涂油漆，油漆的颜色应该与盆景协调。在南瓜有 5～7 片叶片时开始搭架，架的下部置于盆内，架的高度依品种而定，蔓生品种和半蔓生品种架高一般在 1.5～1.8 米。盆栽南瓜重点在于观赏，所以在整枝打杈、绑蔓时要注意整体造型。中期以后要及时摘除黄叶、老叶和病叶，以减少遮光和养分消耗，并去除侧芽、雄花和卷须。根据栽培品种的植物学特性和盆景造型目标，可以单蔓整枝或双蔓整枝，顶部可留 1～2 条侧蔓，其余侧蔓应及时打掉。

9. 人工授粉

为了保证南瓜坐果数量和质量，一般采用人工授粉技术，尽量使花粉均匀地授在柱头的不同部位上，避免因授粉不均匀而产生畸形瓜。授粉时间一般在晴天上午 7—10 时，阴雨天采用坐果灵进行蘸花，促进坐果。露地种植时，避免花粉和柱头淋雨。

10. 及时出售

盆栽南瓜在植株生长茂盛、瓜已坐住 2～3 个后，即可及时出售。

盆栽南瓜艺术见图 6-11。

争奇斗艳

生肖　　　　　　　　　　巨龙腾飞

图 6-11　盆栽南瓜艺术

三、刻字南瓜栽培技术

1. 品种选择

刻字要选择果面光滑、果形周正、皮色鲜亮的南瓜品种。如红色艳丽的巨型南瓜、东升南瓜、香炉瓜等品种，在其果面均可刻字。

2. 选地和整地施肥

南瓜根系强大发达，分布深广，吸肥力强，对土壤条件的要求不高，平原、丘陵、山地均可种植。人们常常喜欢在房前屋后、田边地头零星地种植一些南瓜。但如果要进行南瓜商品生产，还是应选择耕层深厚、土壤肥力较高、通透性较好、排水良好、不积水、有灌溉条件的壤土至沙质壤土。土壤湿度 70％～80％，pH 5.5～6.8 最为适宜。浅翻细耙，拣除杂草、石块、草根，灌足底水。

南瓜地肥料的施用：根据栽植密度，结合耕翻做畦，以种植畦开沟条施为好。中等肥力的土地，一般每亩施用腐熟的有机肥 1 500～2 000 千克，三元复合肥（氮 15％、磷 15％、钾 15％）30～35 千克，将土壤与肥料混合均匀。保护地早熟栽培应加大施肥量，每亩施有机肥 2 000～3 000 千克，三元复合肥（氮 15%、磷 15%、钾 15%）35～40 千克。

3. 播种育苗

大棚和露地均可栽培，播种时间根据当地的终霜早晚而定。有加温、降温设施的一年四季均可栽培。地栽一般春季于 1—2 月播种，秋季于 7—8 月播种。北京地区大棚栽培，一般在 3 月中下旬播种。种子先用 55℃ 的温水浸种，边浸边搅拌，当水温降至 30℃ 左右时，再浸泡 6～12 小时，然后把种子捞出用纱布包好，放于 28～30℃ 的恒温条件下催芽 24～36 小时，芽长到 1 毫米时即可播种。观赏南瓜种子价格较高，因此最好用营养钵或营养土块育苗。播前先装好营养土，育苗土为肥沃田土 6 份、腐熟过筛的有机肥 4 份混匀，装入 10 厘米×10 厘米营养钵中。种子平放，避免"戴帽"出土。每钵播 1 粒种子，然后盖 1～1.5 厘米厚的营养土，用塑料膜盖好，保温保湿。此时温度保持白天 28℃ 左右，夜间 20℃ 左右，3～5 天后就可出苗。出苗后及时撤除薄膜，适当降低温度，以免幼苗徒长。白天棚温控制在 25℃ 左右，夜间控制在 18℃ 左右。结合浇水灌 1～2 次 30% 多·福，防治猝倒病。定植前 1 周降低温度炼苗，以提高幼苗的适应性。

4. 定植

定植时间一般为 4 月底至 5 月初。以苗龄 15～20 天、具有 1～2 片真叶的幼苗定植为宜。南瓜为蔓生植物，因此多采用搭架栽培，密度不宜大，每亩栽 1 200 株左右。巨型南瓜地爬栽培，一般株行距为 0.6 米×6 米。定植选晴天傍晚，注意完整保留育苗土，不伤根。夏季定植要搭遮阳网覆盖，防止烈日晒死幼苗。

5. 田间管理

（1）温度管理

定植到缓苗前进行闭棚增温，缓苗后注意适当通风，白天温度维持在 25～28℃，超过 30℃ 时通风降温，夜晚温度维持在

12～15℃。

（2）水肥管理

①水分管理

定植到缓苗前严格控制浇水，结合闭棚措施提高气温和地温，加速缓苗。缓苗后，可浇一次伸蔓水，切记大水漫灌。结瓜后保持土壤见干见湿，采收前15天停止浇水。

②施肥管理

定植7天后，可适当使用生根剂，促发新根。开花至坐果期要控制水肥，促进植株生殖生长和坐果。一般在坐2～3个果后，每亩施入腐熟有机肥150千克、复合肥10千克。注意控制氮肥的施用量，避免南瓜徒长而影响开花结果。

（3）整枝留瓜

苗高25～30厘米时插竹竿，使南瓜向上生长，以主蔓结果为主，摘除1米以下的侧蔓。每株留1～5个果（巨型南瓜留1个果，中果型的留1～2个果，小南瓜留4～5个果），及时疏花、疏果，保证单果形正、个大。

（4）人工辅助授粉

南瓜虽然可通过昆虫授粉坐果，但人工辅助授粉可明显提高坐果率。如果天气晴好，南瓜花在清晨4—5时就能开放，所以人工辅助授粉可在4—5时就开始进行，最好在上午10时前结束，因为从10时开始南瓜花粉失去授精能力。植株生长势强的，为防止徒长，应提前坐果，可从第二朵雌花开始授粉；植株生长势弱的，应推迟坐果，促进营养生长，提高单果重，可在植株长到10片叶以后才开始授粉坐果。

6. 南瓜刻字

观赏南瓜果实表面可雕刻艺术字与各式图案，如"万事如意""大展宏图""硕果累累""福禄寿禧""成果辉煌""吉祥如意""五谷丰登"等吉祥语，再将不同形色的果实进行合理配置，装于花篮之中，配以彩带，作为艺术品陈列于居室、客厅、橱窗中（图6-12）。给南瓜刻字是根据观赏南瓜品种特点，在南瓜距成熟约一个月前，将要刻的字采取针刺、刀刻等手段刻到果面上，使之形成带字的艺术南瓜。刻好的南瓜继续留在瓜棚里生长，1个月之后完全成熟。

南瓜刻字　　　　　　　　　　　诗词南瓜

图6-12　艺术南瓜

7. 采收

因为刻字南瓜是以观赏为主或作艺术品，所以要等瓜充分老熟、瓜皮变硬时采收。采收应在晴天露水干后、果实表面温度较低时进行，收获时留果柄2厘米剪下。巨型刻字南瓜可进行订单销售或作礼品；小型刻字观赏南瓜可作为观赏物件或玩具出售，也可置于精致的小竹篮里摆放在家中，作为一件非常别致的装饰品。

第七章
南瓜采收与采后处理

第一节　采收期

采收是南瓜生产中的最后一个环节，也是商品化处理、贮运、加工的最初和关键环节。需要根据南瓜不同品种的特性、用途、市场的远近、消费习惯和要求等进行适时采收，使南瓜在适当的成熟度时转化为商品，以获得最佳的综合效益。

一、采收方法

采收要采取适宜的方法，尽量避免机械损伤。南瓜的表面结构是良好的天然保护层，当其受到破坏后，组织就失去了天然的抵抗力，容易受到病菌的入侵而感染腐烂。采收引起的机械损伤不仅增加包装、运输、贮藏和销售过程中的产品损耗，还会降低产品的商品性，降低经济效益。因此采前有必要对采收人员进行技术培训，做好人力物力上的组织和安排，减少损失。

1. 采前准备

（1）采收人员要剪齐指甲或戴上手套，避免采收过程中指甲对产品造成划伤。采收时应轻拿轻放、轻装轻卸。

（2）选用适宜的采收工具，如采收刀、剪等，采收时可保留2厘米左右果柄以保护果实，果柄过长易蹭伤，过短易腐烂。

（3）采收周转箱应结实稳固，大小适中，光滑平整，内部可以加上衬垫物，防止对产品造成刺伤。

2. 采收原则

（1）采收时按照"先下后上、先外后内"的原则，避免因人员和周转箱等移动碰掉果实。防止用力从植株上拉拽果实，造成产品的机械损伤，或折断枝蔓影响后续南瓜的成熟和产量。

（2）采收时间应选择晴天的早晨，在露水干后进行，避免在雨天和正午采收，还要避免采前灌水。秋季露地南瓜最迟应在夜间气温降至10℃前完成采收，以免遭受冷害。

（3）采收时注意按照商品性要求和外观大小等适度分级，剔除受伤果实，不与正常果实混放，嫩瓜宜采取泡沫网套等保护措施，并注意防止在装卸运输过程中受伤。

（4）采后应避免日晒雨淋，迅速完成转运包装，运到阴凉场所散热、预冷或至贮藏库中贮藏。

二、采收标准

采收前应根据采收目的与用途（采收嫩瓜还是老瓜，采收后直接销售还是贮藏）来确定采收标准。嫩瓜采收早，品质好，但单产低；采收晚，单产高，但鲜嫩度下降，品质略差。贮藏的老熟南瓜采收早，单产高，但果皮未完全老化，可溶性固形物含量较低，干物质含量低，贮运过程果皮易出现机械损伤，贮藏时果肉易收缩、易腐烂，贮藏期短；采收过晚，果皮果肉硬度高，干物质含量高，不易产生机械损伤，贮藏期长，但果皮颜色、光泽度变暗，品相差，单产降低。可参考以下具体采收标准。

1. 鲜食嫩瓜

适期采收，露地南瓜嫩瓜一般在雌花开放后15天左右或花凋谢后10～15天，选择鲜嫩度适宜、品质最佳时采收。迷你南瓜可在坐果后40天达八成熟，果皮硬化、果柄变硬时开始采摘，宜随采随卖。

2. 贮藏用老熟瓜

根据品种特性不同，老熟瓜一般在授粉后 30～45 天或花凋谢后 30 天左右采收。十成熟为宜，果皮完全老化，失去光泽，瓜柄纵向开裂，此时可溶性固形物、干物质含量高，果皮、果肉硬度高，不易产生机械损伤，耐贮藏。

3. 籽用南瓜

待植株干枯，瓜皮变硬后，在自然状态下后熟 20 天以上，用南瓜籽分离机脱粒，及时晾晒，瓜籽完全干燥后筛出秕籽，收获瓜籽产品。

三、商品性要求

1. 鲜食嫩瓜商品性要求

果形端正，发育充分，瓜体充实，肉质紧密，不松软；瓜皮硬实，完整、光滑鲜亮，无疤痕、腐烂变质、机械损伤、冷冻害、灼伤、开裂等现象；果柄长 2 厘米左右，青嫩瓜可带花蕾。

2. 贮藏南瓜商品性要求

果形端正，果皮坚硬，无疤痕、腐烂、机械损伤、冷冻害、萎蔫等现象；果柄长 2cm 左右，瓜面光滑，色泽光亮，着色均匀，有品种特有的条纹或果粉较多；老熟，果肉厚，肉质细面，糖度较高，口感甘甜。

四、影响商品性的因素

1. 着色不匀

架式栽培的南瓜，如叶片过密，叶片长期遮挡一部分果实，可能造成生长过程中出现着色不匀等问题，需在种植期注意合理密植，避免长期遮光；露地种植的南瓜，应在南瓜长到一定大小时进行翻瓜，并在底部垫上硬纸板或泡沫，以减少南瓜因接触土壤而出现的土斑等着色不匀问题。

2. 口感差

可溶性固形物含量低，糯性不足，是南瓜口感差的主要原因。南瓜不同品种间可溶性固形物含量差异较大，最高可达18％以上，多数品种为12％左右。品种、种植技术、土壤类型、采后贮藏等都会影响南瓜的口感，需要做好合理密植、水肥管理、采前控水、合理成熟度采收等技术管理措施，保证商品性，并根据可溶性固形物含量越高对贮藏条件要求越高的原则，做好贮藏管理。

3. 腐烂

腐烂主要原因有病虫害、机械损伤、成熟度不足、地势低洼被雨水浸泡过等。田间生产应注意及时防控病虫害，操作和采收过程中注意采前控水、尽量避免机械损伤，贮藏南瓜的种植应选择坡地或地势较高的地块，在被雨水浸泡地块生长的南瓜不适宜长期贮藏。

第二节　采后分级

1. 分级必要性

我国是南瓜生产大国，国内南瓜的价格较低，"卖瓜难"的问题经常出现，导致大量南瓜积压于仓库而腐坏。南瓜果实在生长发育过程中受外界多种因素影响，同一品种的果实外观也大小不一，良莠不齐，严重限制了果实效益最大化。

分级即按一定标准将果实分为不同等级（图 7-1），通过剔除病虫害、机械损伤等伤果，按产品大小等标准实现产品分级，既有利于产品包装标准化，又可减少贮运过程中损耗，有助于贯彻优质优价政策，帮助农民实现效益最大化。

总之，分级是实现南瓜采后商品化处理的核心环节，对南瓜采后增值减损具有重要的意义，应引起高度重视。

图7-1　南瓜采后分级

2. 分级基本要求

具备商品瓜要求（图7-2），一般要求果实充分膨大，完成形态发育，果皮变色，达到可食用成熟度；每一包装批次需为同一品种，具有该品种固有的形状与色泽，无畸形、腐烂、异味，无冷害、冻伤、严重的机械损伤等。

图7-2　贝贝商品瓜

3. 等级规格

不同果实因品种差异较大，分级标准不一。参考南瓜相关行业、地方分级标准，列举贝贝南瓜、蜜本南瓜两类常见南瓜分级标准，可供生产者参考。

（1）贝贝南瓜

贝贝南瓜商品质量在符合分级基本要求的前提下，同一品种的贝贝南瓜依据形状、外观、心室、成熟度和果重分为一级、二级，指标应符合表7-1的规定。

表7-1 贝贝南瓜等级

项目	级别	
	一级	二级
形状	外形呈规则圆形	外形稍呈不规则圆形，无畸形
外观	色泽均匀一致，果面光洁，无伤口，无病虫斑	色泽较均匀一致，果面较光洁，无伤口，无病虫斑
心室	无霉变、腐烂	无霉变、腐烂
成熟度	外皮颜色为深绿色或金黄色，果柄呈白色并完全木质化	外皮颜色为浅绿色或浅黄色，果柄呈白色未完全木质化
果重（克）	350＜果重≤450，个体差异不超过均值的5%	250＜果重≤350 或者450＜果重≤550，个体差异不超过均值的10%

注：参考 DB36/T 1414—2021、NY/T 2790—2015，略有修改。

（2）蜜本南瓜

蜜本南瓜商品质量在符合分级基本要求的前提下，同一品种的蜜本南瓜依据成熟度、新鲜度、完整度和均匀度分为一级、二级、三级，各等级指标应符合表7-2的规定。

表7-2 蜜本南瓜等级

指标	等级		
	一级	二级	三级
成熟度	发育充分，瓜体充实，瓜籽成熟，瓜皮硬实	发育较充分，瓜体较充实，瓜籽较成熟，瓜皮较硬实	稍欠熟或过熟，瓜体基本充实，瓜籽基本成熟，瓜皮稍软

（续）

指标	等级		
	一级	二级	三级
新鲜度	瓜皮完整，光滑鲜亮，肉质紧密，不松软	瓜皮完整，表面光滑，肉质较紧密，不松软	瓜皮基本完整，表面较光滑，肉质较紧密
完整度	外观无机械损伤和斑痕	外观无明显机械损伤和斑痕	外观基本完整，有轻微机械损伤和斑痕
均匀度	瓜形端正，颜色、大小均匀，个体间差异不超过均值的5%	瓜形较端正，颜色、大小较均匀，个体间差异不超过均值的10%	瓜形尚端正，颜色、大小尚均匀，个体间差异不超过均值的15%

注：参考 SB/T 10881—2012、NY/T 2790—2015。

4. 分级方法

（1）人工分级

人工分级是目前国内普遍采用的分级方法，主要有人为分级和借助分级板分级两种方式。

第一种即通过视觉、嗅觉、触觉、剖检等人为方式，对果实进行检测，可以将产品分为若干级（参考 NY/T 4059—2021），比如果实形状和外观，色泽、萎蔫、表面缺陷、个体大小、机械伤、病虫害等，采用目测方式评价；果实有无异味，采用鼻嗅方式评价；通过手感按压，评价果实硬度；当果实新鲜度、成熟度、病虫害等不明确时，可采用剖检方式评价。

第二种即采用简易分级板，分级板上设有一系列直径大小不同的孔和不同着色面积，在满足产品基本要求的基础上，根据果实横径和着色面积进行分级。

这种分级方法能最大限度减轻对果实的机械伤害，但工作效率偏低，分级标准有时掌控不严格。

（2）机械分级

现阶段，我国普遍采用的分级设备偏向于传统机械的模式，主要是根据重量还有形状分级设备展开分级，当前大部分自动分级设备需要从国外进口，普及率相对较低（张琪麟等，2020）。机械分级工作效率高，但采用该分级方式果实易受机械损伤，不利于流通运输。

重量分选装置（图 7-3）即根据产品重量进行分选，将被选产品的重量与预设重量进行比较分级，有机械秤式和电子秤式等不同类型，缺点是易造成产品损伤。

图 7-3　南瓜重量分选装置

形状分选装置即按照被选产品的大小分选，生产中推荐使用光电式形状分选装置，该装置有多种类型，有的是利用产品通过光电系统时的遮光，测量其外径或大小，根据测得的参数与设定标准进行比较分级；有的可先采集图像，经电子计算机进行图像处理，根据果实面积、直径、高度等实现分级。

第三节　采后包装

一、包装的定义

根据我国国家标准（GB/T 4122.1—2008），包装的定义为在流通过程中保护产品、方便贮运、促进销售，按一定技术方法而采用的容器、材料及辅助物的总称。也指为了达到上述目的而在采用容器、材料和辅助物的过程中施加一定方法等的操作活动。可归纳为两个方面：一是关于包装商品的容器、材料及辅助物，二是关于实施包装封缄等的技术活动。

二、包装的作用

1. 保护产品

包装最重要的作用就是保护产品。产品在贮运、销售、消费等流通过程中常会受到各种物流条件及环境因素的破坏和影响，采用科学合理的包装可使产品免受或减少这些破坏和影响，以期达到保护产品的目的。产品产生破坏的因素大致有两类：一类是自然因素，包括光线、氧气、温度、水分、微生物等，可引起产品变色、腐败变质和污染；另一类是物流条件因素，包括冲击、振动、跌落、承压载荷等，可引起内装物变形、破损和变质等。生鲜食品为维持其生鲜品质，要求包装具有适度的透气性。因此，包装首先应根据包装产品的定位，分析产品的特性及其在物流过程中可能发生的品质变化及影响因素，选择适当的包装材料、容器及技术方法对产品进行科学合理的包装，保证产品在一定保质期内的质量。

2. 方便贮运

包装能为生产、流通、消费等环节提供诸多方便，方便搬运装卸、贮存保鲜和陈列销售，也方便消费者的携带、取用和消费。现代包装还注重包装形态的展示方便、自动售货及消费开启和定量取用的方便。一般来说，现代产品没有包装就不能贮运和销售。

3. 促进销售

包装是促进销售、提高商品竞争能力的重要手段。精美的包装能在心理上征服消费者，增加其购买欲望，市场中包装更是充当着无声推销员的角色，尤其在互联网电子商务时代，市场竞争由商品内在品质、价格、成本竞争转向更高层次的品牌形象竞争，包装形象将直接反映一个品牌和一个企业的形象。现代商品包装设计已成为企业营销战略的重要组成部分。产品包装包含了企业名称、商标、品牌特色以及产品性能、成分容量等商品信息，因而包装形象比其他广告传媒更直接真实地面对消费者。

4. 提高商品价值

包装是商品生产的继续，包装的增值作用不但体现在包装直接给商品增加价值，而且体现在通过包装塑造名牌的品牌价值这种无形而巨大的增值方式。当代市场经济倡导名牌战略，同类商品名牌与否差值巨大。品牌本身不具有商品属性，但可以被拍卖，通过赋予它的价格而取得商品形式，而品牌转化为商品的过程可能会给企业带来巨大的直接或潜在的经济效益。包装增值策略运用得当，将取得事半功倍、一本万利的效果。

三、包装的分类

现代包装种类很多，选择包装时要对商品本身特性、包装所起的作用进行全面分析，既要考虑包装材料的功能性和适应性，又要考虑经济性。

包装按照材质分类主要分为纸质、塑料、复合材料包装等。纸质包装主要有纸盒、纸箱、纸袋等，塑料包装主要有塑料袋、保鲜膜、周转箱等，复合材料包装主要有纸塑复合袋、铝塑复合袋等。

包装按在物流过程中的作用分类，可分为销售包装和运输包装。销售包装又称作小包装，不仅具有对商品的保护作用，而且更注重包装的促销和增值功能，吸引消费者、提高商品竞争力。盒、袋、礼品箱等包装一般属于销售包装。运输包装又称作大包装，应具有良好的保护功能及方便贮运和装卸功能。瓦楞纸箱、周转箱等一般属于运输包装。

四、包装

果蔬包装是产品标准化、商品化的手段之一，也是保证安全运输和贮藏的重要措施。有了适合的包装，就能使产品在运输中保持良好的状态，减少因互相摩擦、碰撞、挤压而造成的机械损伤，减少病害蔓延和水分蒸发，避免果蔬产品散堆发热而引起腐烂变质。包装可以使果蔬产品在流通中保持良好的稳定性，提高商品价值和卫生质量。同时包装是商品的一部分，是贸易的辅助手段，为市场交易提供标准的规格单位，便于流通过程中的标准化，也有利于机械化操作。适宜的包装对于提高商品质量和信誉十分重要。

1. 包装材料

包装宜按产品大小设计规格，包装材料应坚固、无毒、清洁、干燥、无污染、无异味，符合食用和环保要求。包装容器宜选用瓦楞纸箱、塑料编织袋等。

2. 包装方法

采收后（以贝贝南瓜为例），应在阴凉、清洁、通风的环境中堆放，通过分级后包装，可根据果型大小和品质采用适宜的包装材料进行包装。包装规格和重量应便于运输、装卸和销售。用纸箱包装时宜按照果实大小单个或单层装果，且应装满，果实宜采用网套进行防护，如有空隙应用软填充物填满。纸箱应通风，可用胶带纸封实。

3. 标识

商品标识应字迹清晰、持久、易于辨认和识读，标签所用材质、胶水、墨水等应无毒、无害，不影响南瓜质量和卫生。商品标识内容可包括名称、等级、产地、净重、商标等，企业名称（生产企业、合作社或经销商名称）、地址和联系电话。南瓜的包装与标识见图7-4。

图7-4　南瓜的包装与标识

第四节　采后贮藏

南瓜采收后，依靠本身的养分和水分来维持和调节生命活动。其间，由于呼吸作用不断地消耗养分，加速了果实的衰老，直至失去食用价值。南瓜属于耐贮性蔬菜，正式贮藏前，可通过预贮进一步提高其耐贮性，可促进南瓜果面及果柄处的伤口愈合，还可促进成熟度较低的南瓜果皮硬化，利于贮藏。常见的南瓜贮藏方法有以下几种。

一、堆藏法

包括直接堆藏和包装堆藏两种方式。

1. 直接堆藏

一是选瓜。贮藏或远销的南瓜建议选取老熟瓜，挑选生长苗壮、养分充足、瓜形整齐、无机械损伤的南瓜。

二是采收。在瓜体凉爽时借助剪刀采收，采收时保留2～3厘米长果柄。

三是搬运。搬运过程以"轻"为原则，坚持轻搬、轻装、轻运、轻卸，切勿滚、碰、撞，避免造成倒瓤损伤，不利于贮藏。

四是择库。选择干燥、通风、阴凉、无阳光直射但具有一定保温功能的空屋作为贮藏库。

五是堆放。堆放前地面先垫一层干草或麦秸、稻草等，力求平整，厚度 5 厘米左右。堆放的方向尽量与田间生长时的状态保持一致，将瓜蒂朝里，瓜顶朝外，依次码成圆堆，每堆 15～25个为宜。堆可适当增大，但要透风，否则加剧"出汗"现象，影响瓜的贮藏质量。堆的高度以 5～6 个瓜高为宜，过高易倒塌，使瓜受损。注意留出检查通道。

2. 包装堆藏

将适宜贮藏的南瓜先放至周转筐或者纸箱，每筐（箱）不宜装得过满，离筐（箱）口留有一个瓜的距离即可，利于通风和避免挤压。瓜筐堆放可采用"品"字形堆码，高度以 3～4 个筐（箱）高为宜。

要加强管理。贮藏期间，勤观察、检查，一般不要翻动。发现病斑瓜应立即剔除，避免感染其他瓜体。贮藏前期，注意适当开窗通风换气，晴天遮阳，避免日光直射。室内空气保持新鲜、干燥、凉爽。室内温度高达 30℃时，可采用排风扇降温换气；无排风设备的可早晚开窗通风降温，中午关闭门窗遮阳。外界气温较低时，特别是在严寒冬季，注意防寒保温，温度应保持在0℃以上。

二、架藏法

架式贮藏库的选择、瓜体挑选以及降温、通风、防寒等同堆藏法。不同之处在于室内用木、竹或角铁按 1.5 米宽搭成分层贮藏架，每层高度比南瓜高 8～10 厘米，每排贮藏架间隔 50 厘米作通道。每层贮藏架上铺 3～5 厘米厚的稻草，或者用铺有一层麦秸的板条箱作为容器，然后将南瓜排放在架上，摆放状态与堆藏法相同。架藏法贮藏量大，通风效果好，仓位容量较堆藏大，便于检查、观察，被广泛用于南瓜的贮藏。

三、窖藏法

1. 选瓜

窖藏的南瓜应选取老熟瓜，宜选用主蔓上第2个瓜，根瓜不宜贮藏。

2. 采收

采收标准为瓜皮坚硬，显现固有的色泽，瓜面布有蜡粉。采收后宜在24~27℃下放置2周，使瓜皮硬化以利于贮藏，这对成熟度较差的瓜尤为重要。生育期间最好不使瓜直接着地，且需避免曝晒。采收时谨防机械损伤，特别要禁止滚动、抛掷，否则内瓤震动受伤易导致腐烂。

3. 窖藏要求

选取温度条件较均衡、湿度较低的地下窖最为适宜，南瓜放置方法与堆藏或架藏相同，窖底铺河沙或麦草，保持温度7~10℃，相对湿度70%~80%。

四、冷库贮藏法

采用冷库贮藏，入库前应注意码放方法。码放高度、宽度与贮藏设施条件有关，码放过高过宽时，应在一定间隔设置通风道，保持空气流通，使贮存库内不同位置的温度和湿度基本一致。老熟南瓜适宜贮藏温度为10~15℃，湿度为70%~75%，贮藏期一般为2~4个月。南瓜的具体贮藏温度与成熟度、果肉硬度、水分含量、糖度等有关，大规模贮藏前可先选择少量进行试贮，摸索最适条件。贮藏过程中，应时刻监测温度和湿度变化，温度变化最好控制在 0.5℃以内，不定期检查贮藏库内南瓜外观与品质变化。当瓜皮表面出现水珠时，应及时通风降湿，否则长时间"出汗"，易造成南瓜腐烂，严重时会发生烂库。亦要避免南瓜果面结露，这是保证贮藏效果的关键。此外，当贮存温度长时间低于适贮温度时，会引发水渍状斑点、凹陷等冷害症状。

南瓜出库时，建议一次出库分次使用，避免频繁开库，影响贮藏效果。设置缓冲室，使出库的南瓜缓慢升温至 20～25℃，时间 5～7 天，以促进南瓜糖化，提高糖度，增加面度，改善口感，提高商品性。达到规定标准后再进行出库销售。

五、悬挂贮藏法

可用草绳扎成"一"字形，然后用草绳结网，在网底铺一些柴草，把瓜放到吊网里，悬挂在屋内即可。亦可用绳子将南瓜系住，悬挂在屋檐下，随吃随取，简单方便。该方法适宜南瓜少量存放。

第五节　南瓜的运输与销售

一、南瓜的运输

运输工具应清洁、卫生、无污染，具有防晒、防雨、通风和控温设施，可采用箱式和带有制冷机组的冷藏车、船等运输。装卸时，应轻拿轻放，摆放稳固、紧实、整齐，防止在运输过程中包装箱松散碰撞，使南瓜产生机械损伤，引发腐烂。装载后，外加覆盖物防雨防晒。运输过程中应保持适宜贮藏温度（10～15℃）和湿度（70%～75%），确保空气流通；不得与有毒、有害物质混运。到达目的地之后，应尽快卸货入库或分发销售或加

工。远途运输时，可先进行果实的预冷，预冷温度以 7～10℃
为宜。

二、南瓜的销售

一是批发商应按照国家有关规定建立购销台账，如实记录南
瓜名称、产地、等级、进货时间、销售时间、价格、数量和产品
提供方名称等内容，以及交易双方的姓名和联系方式。

二是批发商应向采购方提供产地证明、质量检验合格证明和
购销票证，购销票证应包含批发商姓名、采购方姓名、南瓜品
种、产地、等级、成交量、成交价格、成交时间等。

第八章
南瓜主要病虫害及综合防治技术

第一节　南瓜病害及综合防治技术

一、白粉病

1. 症状

　　主要危害甘栗南瓜的叶片，发病初期叶片上出现黄绿色不规则小斑，边缘不明显，随后病斑扩大，叶片正反面产生白色斑点，后逐渐扩大成片，上面布满一层白色霉粉。一般从下部叶片开始，逐渐向上发展，严重时整个叶片布满白粉，使叶片由绿变黄，皱缩变小，不能进行光合作用，最后叶片干枯。种植过密、偏施氮肥、大水漫灌、植株徒长、湿度较大都有利于此病发生。坐果后发病尤为严重。南瓜白粉病见图 8-1。

图 8-1　南瓜白粉病

2. 传播途径

　　该病由子囊菌亚门单丝壳白粉菌引起，主要以菌丝体在活寄主上越冬，成为初侵染源。翌年春天，产生分生孢子，进行再侵染，分生孢子萌发后，产生吸器直接侵入表皮细胞吸取营养。病部产生的分生孢子借气流、雨水传播，由于再侵染频繁，往往在短期内造成大面积流行。分生孢子萌发温度为 $10\sim30℃$，$20\sim25℃$ 为最适温度，分生孢子的抗逆性弱，$30℃$ 以上或 $-1℃$ 以下，很快丧失存活能力。分生孢子对湿度的适应范围较广，相对湿度降低到 25% 时，仍能萌发。

3. 发生特点

主要由氮肥施用过多、瓜藤和瓜叶覆盖过密导致通风不良以及光照不足引起，适宜的发病温度为 $16\sim24℃$。多从下部叶片开始发生，初期在南瓜叶片正反表面形成白粉状斑点，影响瓜秧的光合作用，发病后期叶片枯黄发黑、坏死，影响南瓜结实率及果实正常转色。主要发生在南瓜生长中后期，夏季连续降雨后最易出现，易流行，6—7 月是白粉病盛发期。

4. 防治方法

（1）农业防治

合理密植，增施磷肥和钾肥作基肥，生长期避免偏施氮肥，多施用有机肥，增强南瓜植株的抗病性。

（2）生物防治

叶面喷施 0.5% 小檗碱水剂 400 倍液。

（3）化学防治

选用 25% 乙嘧酚磺酸酯乳油 1 500 倍液，或 40% 硫黄·多菌灵悬浮剂 500 倍液，或 25% 三唑酮可湿性粉剂 2 000 倍液，或 12.5% 烯唑醇可湿性粉剂 4 000 倍液，叶面均匀喷雾。收获后用硫黄粉或百菌清等烟剂熏蒸栽培地。

二、疫病

1. 症状

南瓜疫病又称作疫霉病，在南瓜的整个生长期均可发生，主要危害植株茎基部、叶和果实。幼苗期生长点及嫩茎部最易发病，初期产生暗绿色水渍状不定形病斑，缢缩，很快呈暗黑褐色，变软，1～2 天内萎蔫青枯死亡。成株期多在叶片、茎基部和节部发病，水渍状，软化缢缩。叶片受害时，出现暗绿色水渍状边缘不明显的圆形大斑，直径可达 2～3 厘米。天气潮湿时病斑迅速扩大，发展到叶柄、茎部，引起茎节部发病。天气干燥时，病斑边缘明显，中间青白色或淡褐色，干枯易碎。果实多在蒂部先发病，产生明显的暗黑褐色水渍状凹陷病斑，若几个病斑相连可使瓜变软腐烂，天气潮湿时各染病部位表面长出白色霉层和菌丝，散发出腥臭味。

2. 传播途径

病菌以土壤传播为主，以菌丝体、卵孢子等随病残体在土壤中越冬，成为主要的初侵染源。发病植株在湿度较大的时候，病斑上产生孢子囊，孢子囊及其萌发的游动孢子随气流、雨水、灌溉水等传播，进行再侵染。

3. 发生特点

发病适宜的温度为 24～28℃，在适宜的温度范围内，湿度是南瓜疫病发生的决定性因素。相对湿度 90％以上时菌丝发育良好，病菌迅速发展危害。该病也可在设施栽培条件下发生，连续阴雨天气、空间湿度大或田间积水多时易发生。南方地区梅雨期较长的年份，露地南瓜发病严重，10～15 天迅速发展至全田，造成绝产。

4. 防治方法

（1）农业防治

配方施肥，与禾本科作物轮作，宽行种植并定向引蔓，远离辣椒等易感疫病的作物，深耕土壤并清洁田园，营造不利于疫病发生的条件。

（2）化学防治

选用 72.2％霜霉威盐酸盐水剂 800 倍液，或 5％百菌清可湿性粉剂 600 倍液，或 4%噁霜·锰锌可湿性粉剂 400～500 倍液，或 68%精甲霜·锰锌水分散粒剂 20 克（每亩）等，在茎基部和叶面喷雾。或用 5%甲霜·锰锌可湿性粉剂 150～200 克（每亩），混土撒施，也可以用 40%三乙膦酸铝可湿性粉剂 200～300 倍液喷施或灌根。

三、病毒病

1. 症状

病毒病又称作花叶病、小叶病，主要表现为叶绿素分布不均匀，叶面出现黄斑或深浅相间斑驳花叶，有时沿叶脉叶绿素浓度增加，形成深绿色相间带，严重的叶片呈现凸凹不平，叶脉皱曲变形，呈鸡爪状。一般新叶症状较老叶症状明显，发病严重时茎蔓和顶叶扭缩，果实染病后出现褪绿斑。伸蔓期最易感病，开花结果后病情加重。

南瓜病毒病由多种病毒单独或复合侵染所引起，主要有甜瓜花叶病毒（MMV）、西瓜花叶病毒（WMV）、南瓜花叶病毒（SqMV）、黄瓜花叶病毒（CMV）等，其初侵染源比较复杂。南瓜病毒病见图 8-2。

图 8-2　南瓜病毒病

2. 传播途径

病毒可以在多种多年生宿根作物、杂草根上越冬，也可以通过种子传播，田间农事操作如间苗、定苗、整枝、打杈、摘心等都能传播，使病害扩大蔓延。另外，蚜虫和烟粉虱是病毒病的主要传播媒介。

3. 发生特点

在高温干旱强日照条件下，病毒病发病较重。

4. 防治方法

（1）物理防治

热恒温箱以 40℃ 处理种子 24 小时进行干热消毒，随后在18℃下处理 2～3 天，降低种子带毒率。

（2）农业防治

选择远离蔬菜作物的瓜地，甜瓜、西瓜、西葫芦等不宜混种。加强田间管理，培育健壮植株，增强植株抵抗力。发现病株，及时拔除销毁。打杈摘顶时要注意防止人为传毒。

（3）生物防治

发病初期每亩叶面喷施 6％寡糖·链蛋白可湿性粉剂 75～100 克，或 5％氨基寡糖素水剂 86～107 毫升，或 2％香菇多糖水剂 34～42 毫升，或 2％宁南霉素水剂 300～417 毫升等药剂，每隔 7～10 天喷 1 次，连续 2～3 次。

（4）化学防治

发病初期用 50％氯溴异氰尿酸可溶粉剂 45～60 克（每亩）或 20％吗胍·乙酸铜可湿性粉剂 167～250 克（每亩）等药剂叶面喷雾。

用 10％磷酸三钠溶液浸种 20 分钟，冲洗干净后再催芽播种。

（5）防治传毒媒介——蚜虫和烟粉虱

①生物防治

始发期每亩可选用 2.5％鱼藤酮乳油 100 毫升，或 2％苦参碱水剂 30～40 毫升，或 1％苦参·印楝素可溶液剂 60～80 毫升等生物药剂进行防治。

②物理防治

在瓜田设置黄色粘虫板，诱杀有翅蚜和烟粉虱成虫。

③化学防治

盛发期每亩可选用 70%吡虫啉水分散粒剂 1.5～2 克，或 0.12%噻虫嗪颗粒剂 30～50 千克，或 5%啶虫脒微乳剂 20～40 毫升，或 20%氟啶虫酰胺水分散粒剂 15～25 克，或 75%吡蚜·螺虫酯水分散粒剂 10～12 克，均匀喷施叶面；每亩也可以选择 15%异丙威烟剂 250～350 克进行烟剂熏蒸。无论是叶面喷雾还是烟剂熏蒸，要注意轮换用药，延缓蚜虫和烟粉虱抗药性的产生。

四、细菌性缘枯病

1. 症状

细菌性缘枯病病菌多从气孔或伤口侵入，初期在气孔周围产生水浸状小斑点，斑点扩大后呈不规则状，淡褐色或灰褐色，严重时病斑由叶片向叶柄、茎、果柄扩散，呈褐色水浸状，果实凋萎变黄，干缩脱水。

2. 传播途径

病原通过雨水、农事操作等途径传播蔓延。

3. 发生特点

低温高湿天气或露水较重时容易发病，施肥不足或偏施氮肥，植株抗病能力弱等也易引发病害。

4. 防治方法

（1）物理防治

播种前可用 50℃温水浸种 20 分钟，冲洗晾干后再催芽播种。

（2）农业防治

应与非瓜类作物轮作，及时清除病株。

（3）化学防治

播种前可用次氯酸钙 300 倍液浸种 2 小时，冲洗晾干后再催芽播种。发病初期叶片喷施 77％氢氧化铜可湿性粉剂 1 500 倍液，或 20％噻枯唑可湿性粉剂 600～800 倍液，或 47％春雷·王铜可湿性粉剂 500～600 倍液，或 20％异氰尿酸钠可湿性粉剂 700～1 000 倍液等药剂。每隔 7 天喷施 1 次，连续 2～3 次，可有效控制病害的发生和传播。

五、炭疽病

1. 症状

炭疽病主要危害南瓜叶片，严重时也危害茎和果实。苗期发病即在南瓜叶缘产生半月状病斑，呈黄褐色或棕褐色。成株后发病时，病斑为水浸状，呈黄褐色近圆形，严重时病斑连片成块，病斑干枯后从中部呈放射状裂开，造成叶片坏死，湿润条件下病部出现浅红色黏粒。当病部围绕茎蔓一周时即导致藤蔓从发病处断开、枯死。果实染病时病斑渐变成黑褐色，且向果实中部凹陷，病部常有黑点或浅红色黏质物，导致南瓜果实变形、坏死、变劣。

2. 传播途径

病菌以菌丝和拟菌核随病残体遗留在土壤中越冬，潜伏在种子上的病菌可引起幼苗发病。

3. 发生特点

南瓜炭疽病在温度 20～26℃、湿度 80％以上时易发病。重茬地块容易形成再侵染，氮肥过多、植株衰弱等较易发病。

4. 防治方法

可在发病初期交替选用 80％福·福锌可湿性粉剂 500 倍液，或 50％代森锰锌可湿性粉剂 800 倍液，或 75％百菌清可湿性粉剂 700 倍液；保护地可用 5％百菌清粉尘剂进行喷粉或用 45％百

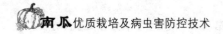

菌清烟剂熏蒸。

六、灰霉病

1. 症状

灰霉病主要危害南瓜幼果，其次是花、叶片、叶柄和茎蔓。病菌侵入初期，开败的花瓣和柱头会产生水渍状斑纹，花的表面产生灰色霉层，导致腐烂脱落，随后扩散到幼果；瓜染病初期顶尖褪绿，后出现水渍状斑纹，并密生灰色霉层，继而软腐、萎缩，有时病瓜上还长出黑褐色小颗粒状菌核。健康的花、果和茎蔓接触到病部也会染病，叶片受害形成中央褐色的轮纹状病斑，表面常有灰霉；茎蔓多茎节受害，病部灰白色，病斑环茎蔓延，导致茎蔓腐烂、折断。

2. 传播途径

越冬后土壤中的菌核在适宜的条件下产生分生孢子，借风雨在田间传播，成为初侵染源。发病后又产生大量的分生孢子，靠气流、雨水、农事操作或架材等传播，进行再侵染。

3. 发生特点

病菌喜低温、高湿和弱光条件，连续阴雨天气、光照不足、低温高湿环境条件下易发病。设施栽培低温寡照有利于灰霉病的发生，或遇到雨雪天气时不能及时放风，大棚内光照不足、气温低、湿度大，植株叶面结露时间长，灰霉病就会严重发生。

4. 防治方法

（1）农业防治

控制土壤和空气湿度，发现病情时及时摘除病花、病果、病叶，并疏花，集中深埋，保持田园清洁；适时整枝打杈，确保田间通风性良好，光照充足。

（2）化学防治

可选用50%异菌脲可湿性粉剂500倍液，或50%腐霉利可湿性粉剂 1 500 倍液，或 25％啶酰菌胺悬浮剂 67～93 毫升（每亩），或 38％唑醚·啶酰菌悬浮剂 40～60 毫升（每亩），或 500克/升氟吡菌酰胺·嘧霉胺悬浮剂 60～80 毫升（每亩）等交替喷雾；或每亩用 10％腐霉利烟剂 200～250 克熏蒸。发病初期也可每亩用 45％百菌清烟剂 100～200 克在傍晚密闭烟熏。

七、霜霉病

1. 症状

霜霉病主要危害叶片，发病初期为水渍状淡黄绿色斑点，严重时为成片不规则病斑，潮湿时叶片背面易产生灰黑色霉层和稀疏菌丝体。受害叶片易变黄、枯萎，干燥时易破碎，瓜果瘦小。

2. 传播途径

病菌主要以孢子囊形式在病叶上越冬，分生孢子梗着生于病斑背面的气孔上，分生孢子着生在其顶端，遇水萌发形成芽管并释放游动孢子，通过气流、雨水等传播，从寄主气孔或直接穿过表皮侵入，并主要侵害功能叶，幼嫩叶片或老叶受害少。

3. 发生特点

结瓜期多雨、多露、多雾天气发病重，灌溉频繁、地势低洼的地块发病较重，昼夜温差大、阴晴交替也易造成病害发生，通风不良、氮肥缺乏之地块发病重。

4. 防治方法

（1）农业防治

及时清除病叶、病株，增施有机肥，大棚种植要注意控制空气相对湿度。

（2）化学防治

发病初期可选用 66.5％霜霉威盐酸盐水剂 600～1 000 倍液，或 72％霜脲·锰锌可湿性粉剂 600～750 倍液，或 69％烯酰·锰锌可湿性粉剂 500～1 000 倍液等药剂喷雾。病情扩展较快时，可用 68.75％氟菌·霜霉威悬浮剂 1 000 倍液和 52.5％噁唑菌酮 1 500 倍液等高效专性杀菌剂防治。

八、枯萎病

1. 症状

南瓜枯萎病（图 8-3）又称作萎蔫病、红腐病、蔓割病，南瓜整个生长周期均会发生，开花坐果期和果实发育期发病较多。南瓜幼苗发病时，子叶变黄萎蔫，茎基部缢缩致全株枯萎猝倒；开花坐果期发病，叶片萎蔫似缺水，出现黄色网状纹路，严重时整株叶片呈褐色，腐烂萎缩，茎基部裂口溢出琥珀色胶状物，维管束变成黄褐色或黑褐色，湿度大时病部表面产生粉色霉状物；果实发病初期，果肉变黄，后逐渐转为紫红色，果实病变后由外层向瓜腔蔓延，导致果实腐烂。

图 8-3　南瓜枯萎病

2. 传播途径

病菌以菌丝体、菌核或厚垣孢子在土壤或病残体上越冬，在田间通过流水、土壤耕作、农事操作等传播。采种时厚垣孢子可粘于种子上，播种此种子，发芽后病原菌即侵入幼苗，成为次要侵染源。

3. 发生特点

在土壤温度较低、湿度较大、偏施氮肥条件下易发生枯萎病。土壤酸化、秧苗老化、沤根也易加重枯萎病的发生。降水量大、雨后突晴或时雨时晴、日照少、过量施氮肥、磷钾肥不足、施用未充分腐熟的带菌有机肥等，都有利于病害发生。

4. 防治方法

（1）农业防治

与非瓜类植物轮作、增施有机肥等，提高植株抗病性。

（2）化学防治

可选用70％甲基硫菌灵可湿性粉剂1 000～1 500倍液，或25％多菌灵可湿性粉剂400倍液，或高锰酸钾800～1 000倍液，或98％噁霉灵可溶性粉剂3 000～4 000倍液等。喷雾或灌根。

九、蔓枯病

1. 症状

蔓枯病主要侵染南瓜的果实、茎蔓和叶片，发病初期，叶片边缘出现灰绿色水浸状椭圆形病斑，病斑扩大后融合，转为灰褐色，叶片干枯，病斑中心呈星状裂开；果实发病初期病斑灰白色，边缘褐色，严重时病斑褪绿变黄，后转为黑褐色，外皮干凹后果肉裂开，呈木栓状坏死，腐生菌侵入引起湿腐；茎蔓染病时病斑呈椭圆形或长梭形，茎蔓腐烂并溢出黄色胶状物，干燥时形成黑褐色小斑点。

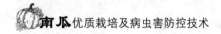

2. 传播途径

病菌以分生孢子、子囊壳随病残体越冬，或在种子上越冬，翌年，病菌可穿透表皮直接侵入幼苗，老的组织或果实主要是由伤口侵入。

3. 发生特点

南瓜蔓枯病发病适宜温度为 24～28℃，在此温度范围内孢子萌发率高，基肥不足、偏施氮肥等易导致植株感病，幼嫩时期高温高湿环境下最易发生。

4. 防治方法

（1）物理防治

播种前用 55℃温水浸种 15 分钟。

（2）农业防治

发病较重的地块要实行 3 年以上的轮作，施足磷、钾肥以促进植株健壮，及时清洁田园，控制大棚内湿度，做好雨季排水。

（3）化学防治

播种前用 40％甲醛 100 倍液浸种 30 分钟，或用福美双可湿性粉剂拌种。发病期可交替使用 70％甲基硫菌灵可湿性粉剂 600～800 倍液，或 75％代森锰锌可湿性粉剂 500～600 倍液，或 50％甲霜·锰锌可湿性粉剂 1 000 倍液防治。茎蔓发病可用等量噁霜·锰锌和甲基硫菌灵调成糊状涂抹。

十、斑枯病

1. 症状

斑枯病主要危害南瓜叶片，发病初期病斑为淡褐色，受叶脉限制呈多角形，后转为灰白色，病部中心略凹陷，严重时病斑成片，表面产生小黑点，叶片干枯。

2. 传播途径

斑枯病的致病菌为瓜角斑壳针孢，分生孢子器呈暗褐色扁圆状，孔口略大，分生孢子呈透明针状或稍有弯曲，基部微圆而顶部尖，隔膜 3～4 个。病菌菌丝体和分生孢子器在病残体或土壤中越冬，翌年产生分生孢子侵染危害。

3. 发生特点

高温高湿条件下较易发病，夏季多雨时节容易流行。

4. 防治方法

（1）农业防治

选好地块，控制种植密度，施足基肥，做好排水措施。

（2）化学防治

可交替选用 47％春雷·王铜可湿性粉剂 800 倍液，或 50％琥胶肥酸铜可湿性粉剂 500 倍液，或 60％百菌清可湿性粉剂 500 倍液，或 30％碱式硫酸铜胶悬剂 400 倍液，或 64％噁霜·锰锌可湿性粉剂 500 倍液，或 80％代森锰锌可湿性粉剂 600 倍液等药剂防治。

十一、白绢病

1. 症状

白绢病主要危害南瓜果实和茎蔓。田间发病常在雨后或灌溉后，通常果实与土壤接触的部位及周围发病，果实发病后果肉软腐，病部表面有白色菌丝体，呈白绢状，菌丝体上长有褐色菌核。通常茎蔓基部发病，初期呈暗褐色水浸状病斑，发病严重时病斑扩大并向茎内凹陷，导致植株叶片甚至全株发黄萎蔫，根系周围也会长有白绢状菌丝体。

2. 传播途径

病原菌以菌丝体或菌核在土壤中越冬，菌核可在土壤中存活5～6 年。从南瓜植株根部、茎基部、伤口处或表皮侵入危害，能通过灌溉、施肥等农事操作向周围蔓延。

3. 发生特点

低温、湿度大或多雨的早春（晚秋）有利于该病发生和流行，北方 3—5 月及 9—10 月发生多。连年种植葫芦科的田块或偏施氮肥条件下发病重。

4. 防治方法

（1）农业防治

与非寄主作物进行 3 年以上轮作；有机肥要充分腐熟后再施用；选择硫酸铵等硝态氮肥；及时清除病株；坐果后将果实垫起，避免南瓜与土壤直接接触。

（2）化学防治

每亩撒施石灰 50～150 千克，或用 50％代森铵水剂 400 倍液进行田间消毒，或用 15％三唑酮可湿性粉剂喷雾，也可用 90％敌磺钠可湿性粉剂 500 倍液灌根，每株灌 0.3～0.5 千克。

十二、菌核病

1. 症状

侵染南瓜的果实、茎、花和叶片，发病初期，叶片上出现边缘不明显的褐色病斑，病斑表面有白色霉状物，导致叶片腐烂；果实发病时呈湿腐状，病部生有白色菌丝体，后期产生黑色菌核。

2. 传播途径

病原以菌核在土壤或种子中越冬，翌年长出子囊盘和子囊孢子，借风力传播侵染寄主。

3. 发生特点

菌核病多在 2—3 月或 10 月采收前后发生，雨天等湿度大时发病严重。

4. 防治方法

（1）农业防治

结合选种、选地、排水及通风等措施，及时清除病株，生长后期少施氮肥。

（2）化学防治

生产中可使用50％咯菌腈悬浮剂5 000倍液，或50％异菌脲可湿性粉剂500倍液，或50％腐霉利可湿性粉剂500倍液，或50％啶酰菌胺水分散粒剂1 200倍液防治。

十三、细菌性叶斑病

1. 症状

细菌性叶斑病主要在南瓜幼苗期发生，侵染植株叶片，发病初期，南瓜叶片上形成褐色水浸状小病斑，透过阳光可看到病斑周围有淡黄色晕环，扩大后病斑中间颜色变浅，干枯易破裂，导致叶片枯死。

2. 传播途径

病原菌随病株残体在土壤或种子中越冬，翌年形成初侵染源，通过风雨、昆虫和农事操作进行传播，从寄主的气孔、水孔和伤口侵入。

3. 发生特点

高湿条件下发病严重，通常春夏交接时发生，阴雨天气蔓延较快。

4. 防治方法

（1）物理防治

播种前将种子置于70℃环境下干热处理3天。

（2）化学防治

播种前用40％福尔马林150倍液浸种1.5小时，洗干净后催芽播种。发病初期叶片喷施77％氢氧化铜可湿性粉剂1 500倍液，或47％春雷·王铜可湿性粉剂500～600倍液，或20％异氰尿酸钠可湿性粉剂700～1 000倍液等药剂。每隔7天喷施1次，连续2～3次。

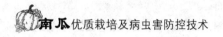

十四、黑星病

1. 症状

黑星病在南瓜的整个生育期都会发生，危害南瓜的幼瓜、茎叶及卷须，幼苗期发病子叶上产生黄白色近圆形斑，严重时整株枯死；叶片发病初期，病斑呈圆形，后呈星状裂开，穿孔后边缘略皱且具黄晕；病斑在茎蔓上呈黄褐色菱形，中间裂开，湿度大时病部出现灰黑色霉状物，为病原菌的分生孢子梗和分生孢子；果实染病初流胶，渐渐扩大为暗绿色凹陷斑，表面长出黑色霉层，病部呈疮痂状停止生长，果实畸形。

2. 传播途径

病菌以菌丝体或分生孢子丛在种子或病残体上越冬，翌年春天分生孢子萌发进行初侵染或再侵染，借助风力及农事操作传播。

3. 发生特点

田间排水、通风不良或多雨天气容易发生，湿度大时、叶温低时可加重病害发生。

4. 防治方法

用50％多菌灵可湿性粉剂500倍液浸种20分钟后冲净催芽，也可在直播时用0.3％（重量比）的50％多菌灵可湿性粉剂拌种。发病后及时用药，可喷施50％多菌灵可湿性粉剂500倍液，或50％苯菌灵可湿性粉剂1 000倍液，或75％甲基硫菌灵可湿性粉剂600倍液，或75％百菌清可湿性粉剂600倍液等药剂进行防治。

十五、褐斑病

1. 症状

发病初期，叶片产生水渍状褪绿小斑点，继而病斑颜色变浅，或呈灰白色，边缘灰褐色，干燥时病部易破裂，湿度大时病部表面产生灰黑褐色霉状物。

2. 传播途径

病菌主要以分生孢子或菌丝体随病残体在土壤中越冬，翌年条件适宜时孢子大量萌发，在一个生长季节内可多次再侵染。

3. 发生特点

高温高湿、通风不佳及偏施氮肥等容易发病。

4. 防治方法

可选用 25％异菌脲悬浮剂 1 000～1 500 倍液，或 50％苯菌灵可湿性粉剂 1 500 倍液，或 70％甲基硫菌灵可湿性粉剂 1 000 倍液，或 20％烯肟·戊唑醇悬浮剂 1 500 倍液，或 25％咪鲜胺乳油 1 500 倍液，或 40％腈菌唑乳油 3 000 倍液等进行防治。

第二节　南瓜虫害及综合防治技术

一、华北蝼蛄

华北蝼蛄（*Gryllotalpa unispina* Saussure）又名土狗子、蝼蝈等，属直翅目蝼蛄科。

1. 为害症状

主要以成虫或若虫咬食刚发芽的种子、瓜苗的幼根和嫩茎，同时由于成虫和若虫在土下活动开掘隧道，使苗根和土分离，造成幼苗干枯死亡，致使缺苗断垄。

2. 形态特征

（1）成虫

体长 36～50 毫米，黄褐色（雌大雄小），腹部色较浅，全身被褐色细毛，头暗褐色，前胸背板中央有一暗红斑点。前翅长 14～16 毫米，覆盖腹部不到一半；后翅长 30～35 毫米，附于前翅之下。前足为开掘足，后足胫节背面内侧有 0～2 个刺，多为

1个。

（2）卵

椭圆形。初产时长 1.6～1.8 毫米、宽 1.1～1.3 毫米、孵化前长 2.4～2.8 毫米、宽 1.5～1.7 毫米，初产时黄白色，孵化前呈深灰色。

（3）若虫

形似成虫，个体小，初孵时乳白色，2 龄以后变成黄褐色，5～6 龄后基本与成虫相同。

3. 发生特点

约 3 年 1 代，以成虫、若虫在土壤中越冬，入土可达 70 毫米左右。翌年春天开始活动，在地表形成长约 10 毫米松土隧道，此时为调查虫口的有利时机。4 月是危害高峰期，9 月下旬为第二次危害高峰。秋末以若虫越冬。若虫 3 龄开始分散危害，如此循环，第三年 8 月羽化为成虫，进入越冬期。其食性很杂，危害盛期在春秋两季。

4. 防治方法

（1）物理防治

可用鲜马粪进行诱捕，然后人工消灭，可保护天敌。也可用灯光诱杀，蝼蛄有趋光性，有条件的地方可设黑光灯诱杀成虫。

（2）化学防治

①药剂拌种

可用 50％辛硫磷，按种子重量的 0.1％～0.2％使用药剂，并与种子重量 10％～20％的水兑匀，均匀地喷拌在种子上，闷种 4～12 分钟后再播种。

②毒土、毒饵毒杀法

每亩用上述拌种药剂 250～300 毫升，兑水稀释 1 000 倍左右，拌细土 25～30 千克制成毒土；或用辛硫磷颗粒剂拌土，每隔数米挖一坑，坑内放入毒土再覆盖好。也可用炒好的谷子、麦麸、谷糠等，制成毒饵，于苗期撒施田间进行诱杀，并要及时清理死虫。

二、蛴螬

蛴螬是金龟甲总科幼虫的通称，俗称白土蚕。

1. 为害症状

成虫、幼虫均能为害植物，且食性杂。成虫啃食叶、芽、花蕾，常常将叶片吃成网状，为害严重时，可将叶片全部吃光，并啃食嫩芽，造成植株枯死。幼虫啃食根部和嫩茎，影响生长，根茎被害后，易造成土传病害及线虫的侵染，致幼苗死亡。

2. 形态特征

幼虫乳白色，体肥，并向腹面弯成 C 形，有胸足 3 对，头部为褐色，上颚显著，腹部肿胀。体壁较柔软多褶皱，体表疏生细毛，生有左右对称的刚毛。成虫具有飞行能力，可咬食叶片。

3. 发生特点

一年发生 1 代，以 3 龄幼虫或成虫在土内越冬。春季土壤解冻后，越冬幼虫开始上移，5 月下旬前后是为害盛期，6 月初幼虫做土穴化蛹，6 月中旬成虫开始出土，为害严重的时间集中在 6 月中旬至 7 月中旬。成虫多在傍晚 6—7 时飞出进行交配产卵，8 时以后开始为害，直至凌晨 3—4 时重新回到土中潜伏。成虫喜欢栖息在疏松、潮湿的土壤中，潜入深度一般为 7 厘米左右。成虫有较强的趋光性，以晚上 8—10 时灯诱数量最多。成虫有假死性，于 6 月中旬产卵，7 月出现新一代幼虫，取食植物的根部。

4. 防治时期

掌握好防治时机，防治成虫和幼虫相结合，将害虫种群控制在经济危害允许水平以下。

5. 防治方法

（1）农业防治

对蛴螬发生严重的土地，深翻土壤进行晾晒，减少幼虫的危害；避免施用未腐熟的有机肥，因为金龟子对未腐熟的有机肥有强烈趋性，可加重危害。

（2）物理防治

利用成虫的趋光性，在其盛发期，用黑光灯或黑绿单管双光灯诱杀成虫；利用成虫的假死性，人工摇树，使成虫掉地捕杀。

（3）生物防治

每亩使用金龟子绿僵菌 CQMa421（2 亿孢子/克）颗粒剂 2～6 千克，沟施或穴施。蛴螬乳状菌可感染 10 多种蛴螬，可用该菌液灌根，使幼虫感病死亡。

（4）化学防治

幼虫期可用 50％辛硫磷乳油 1 000 倍液灌根，或者在南瓜棚或田撒施辛硫磷毒土，即每亩使用辛硫磷乳油 400～500 毫升，加细土 3 千克拌匀，结合施肥，混合撒在表土上，然后浇水，以杀死幼虫，7 天后进行第 2 次药剂防治。注意在施药前 2 天不能浇水，保持土壤干燥，效果更好。

三、小地老虎

小地老虎（*Agrotis ypsilon* Rottemberg）俗称土蚕、黑地蚕、切根虫等，属鳞翅目夜蛾科。

1. 为害症状

1、2 龄幼虫将幼苗从茎基部咬断，或咬食子叶、嫩叶，常造成缺苗断垄。

2. 形态特征

（1）成虫

体长 17～23 毫米，翅展 40～54 毫米，体灰褐色。翅狭长、色深（灰黄色，外缘黑色），有一块黑色肾状斑，斑外方有一块长三角形黑斑。前翅暗褐色，肾状斑外有 1 个尖长楔形斑，亚缘线上也有 2 个尖端向里的楔形斑；后翅灰白色，翅脉及边缘黑褐色，缘毛灰白色；触角（雄）分支仅达 1/2 处，其余为丝状。

（2）卵

扁圆形，直径约 0.5 毫米、高约 0.3 毫米，表面有纹脊花纹。初产时乳白色，渐变黄色，后变为灰褐色。

（3）幼虫

圆筒形，老熟幼虫体长 37～50 毫米、宽 5～6 毫米。体暗褐色或灰褐色，体表粗糙有颗粒，各节背板上有 2 对毛片，前面一对小于后面一对；气门菱形；臀板黄褐色，有深色纵线 2 条。

（4）蛹

体长 18～24 毫米、宽 6～7.5 毫米，红褐色至暗褐色，尾端黑色，有刺 2 根。

3. 发生特点

影响小地老虎第一代幼虫发生的主要因素是迁飞高峰诱蛾，其次是气候、耕作情况和地势。诱蛾数量多，预示可能大发生。春季雨少，土壤湿度低，有利于卵的孵化和低龄幼虫成活，往往造成当年一代大发生。早春气温上升快，温度偏高，一代发生期提前。低洼、内涝地区，上一年夏秋雨水多，冬前不能耕作或耕作粗放，杂草多，发生也多。发生重的一般是历年发生重的地块。

4. 防治方法

（1）农业防治

及时铲除田间、地头、渠道、路旁的杂草，消灭虫卵及幼虫寄生的场所。

（2）物理防治

用糖、醋、酒诱杀液（配方是糖：酒：醋：水＝6：1：3：10），或甘薯、胡萝卜、烂水果等发酵液，在成虫发生期进行诱杀。

（3）化学防治

对不同龄期的幼虫，应采用不同的施药方法。幼虫 3 龄前抗药性差，且暴露在植物或地表上，是喷药防治的适期，用喷雾、喷粉或撒毒土的方法进行防治；幼虫3龄后，田间出现断苗，可用毒饵或毒草诱杀，效果较好。每亩用3.2%甲维盐·氯氰微乳剂40～60毫升或氰戊·辛硫磷50～60毫升，兑水35～40升，上午5时以后喷于地表。可选用2.5%溴氰菊酯乳油90～100毫升或50%辛硫磷乳油，喷拌细土50千克配成毒土，顺垄撒施于幼苗根茎附近，每公顷撒300～375千克。

四、瓜蚜

瓜蚜（*Aphis gossypii* Glover）隶属于半翅目蚜科，又名棉蚜，俗称腻虫。在我国各地均有分布。

1. 为害症状

成虫和若虫多群集在叶背、嫩茎和嫩梢刺吸汁液，下部叶片密布蜜露，潮湿时变黑形成烟煤病，影响光合作用。瓜苗生长点被害可导致枯死；嫩叶被害后卷缩；瓜苗期严重被害时能造成整株枯死；成长叶受害会干枯死亡，缩短结瓜期，造成减产。蚜虫危害更严重的是可传播病毒病。

2. 形态特征（图8-4）

（1）无翅胎生雌蚜

体长1.5～1.9毫米。颜色随季节而变化，夏季黄绿色，春秋季深绿色。触角5节。后足胫节膨大，有多数小圆形的性外激素分泌腺。尾片黑色，两侧各具刚毛3根。

（2）有翅胎生雌蚜

体长椭圆形，较小，长1.2～1.9毫米，体黄色、浅绿色或深蓝色，腹部背片各节中央均有1条黑色横带，触角6节，比体短，翅无色透明，翅痣黄色，尾片常有毛6根。

（3）卵

椭圆形，长0.50～0.59毫米，宽0.23～0.38毫米，初为橙黄色，后变为黑色，有光泽。

（4）若蚜

夏季为黄色或黄绿色，春秋季为蓝灰色，复眼红色。无尾片，共4龄，体长0.5～1.4毫米。1龄若蚜触角4节，腹管长、宽相等；2龄触角5节，腹管长为宽的2倍；3龄触角也为5节，腹管长为1龄的2倍；4龄触角6节，腹管长为2龄的2倍。

图 8-4　瓜蚜—无翅蚜和若蚜

3. 发生特点

瓜蚜一年发生10～30代。瓜蚜分苗蚜和伏蚜两个阶段，苗蚜10多天繁殖一代，伏蚜4～5天就繁殖一代。无翅胎生雌蚜的繁殖期约10天，共产60～70头若蚜，每年发生10～30代，由北向南代数逐渐增加。瓜蚜主要以卵的形式在夏枯草、苦荬菜、石榴、木槿、花椒及鼠李属等植物上越冬，南瓜大棚内尚未发现越冬虫态。

4. 防治方法

（1）农业防治

经常清除田间杂草，彻底清除瓜类蔬菜残株病叶等。保护地可采取高温闷棚法，即在收获完毕后不急于拉秧，先用塑料膜将棚室密闭 3～5 天，消灭棚室中的虫源。

（2）物理防治

利用有翅蚜对黄色、橙黄色有较强的趋性，可于 4 月中旬开始至拉秧，在瓜秧上方 20 厘米悬挂黄色诱虫板诱杀，每亩悬挂 20～25 块。

（3）生物防治

每亩使用 5％鱼藤酮乳油 100 毫升，或 2％苦参碱水剂 30～40 毫升，或 23％银杏果提取物可溶液剂 100～120 克，或 1％苦参·印楝素可溶液剂 60～80 毫升，叶面喷雾，正反面均匀喷透。

（4）化学防治

可选用 20％氰戊菊酯乳油 20～40 克（每亩），或 0.12％噻虫嗪颗粒剂 30～50 千克（每亩），或 5％啶虫脒微乳剂 20～40 毫升（每亩），或 20％氟啶虫酰胺水分散粒剂 15～25 克（每亩），或 50％抗蚜威水分散粒剂 12～20 克（每亩），或 50％吡蚜酮可湿性粉剂 2 000～3 000 倍液，或 50 克/升双丙环虫酯可分散液剂 10～16 毫升（每亩），或 75％吡蚜·螺虫酯水分散粒剂 10～12 克（每亩），要注意轮换用药，延缓蚜虫抗药性的产生。

五、二斑叶螨

二斑叶螨（*Tetranychus urticae* Koch）又名二点叶螨，俗称红蜘蛛、火蜘蛛、火龙、沙龙等，属于节肢动物门（Arthropoda）蛛形纲（Arachnida）真螨目（Acariformes）叶螨科（Tetranychidae）叶螨属（*Tetranychus*）。广泛分布于世界各地，已成为农业三大害螨之一。

1. 为害症状

二斑叶螨喜聚集在叶片背面，主要以成螨和幼、若螨危害植株，其刺吸植物叶片汁液使植株大量失水，从而导致叶片表皮细胞坏死、营养成分下降、光合作用受抑制等一系列的生理变化，最终使南瓜的叶片变白、干枯、脱落，植株生长停滞，轻者影响植物正常生长，缩短结果期，严重时可导致植株失绿枯死或者全株叶片干枯脱落。

2. 形态特征

（1）成螨

二斑叶螨雌成虫似椭圆形，体长 0.45～0.60 毫米，宽 0.30～0.35 毫米。体色不同于常见的红色害螨，呈浅绿或黑褐色。身躯两侧各有 13 对背毛，躯体共有 4 对足，1 对"山"字形褐斑。二斑叶螨雄成虫似菱形，较雌虫小，长 0.30～0.40 毫米，宽 0.20～0.30 毫米，体色呈黄绿色或淡灰绿色，行动灵活且爬行速度较快，体背与雌虫不同，无明显 2 个斑（图 8-5）。

图 8-5 雌成螨

（2）卵

形状似圆球形，长约 0.12 毫米，初产时无色透明，后略带淡黄色，近孵化时显出 2 个红色眼点。

（3）幼螨

二斑叶螨幼虫似半球形，体长 0.15 毫米，体色为透明或黄绿色，躯体两侧有 3 对足，眼微红，体背无斑或不显斑。

（4）若螨

若螨初期，体长 0.20 毫米，似椭圆形，变为 4 对足，体色为黄绿色或深绿色，眼红色，体背两侧开始出现 2 个斑。若螨后期，体长 0.36 毫米，黄褐色，体形类似成螨，蜕皮后为成螨。

3. 发生特点

二斑叶螨在北方一年发生 12～15 代，南方一年发生 20 代以上，具有世代重叠现象。北方以雌成虫在土缝、枯枝落叶下或旋花、夏枯草等宿根性杂草的根际等处吐丝结网潜伏越冬。叶螨一般于每年 3 月开始活动产卵，夏季 6—7 月高温干旱时危害最严重，遇到雨季其虫口密度会大量下降，在高温低湿的 5—7 月危害重，尤其干旱年份易于大发生。

4. 防治方法

（1）农业防治

秋末清除田间残株败叶，烧毁或沤肥；开春后种植前铲除田边杂草，清除残余的枝叶，可消灭部分虫源。天气干旱时，注意灌溉，增加瓜田湿度，不利于叶螨发育繁殖。

（2）药剂防治

可选用的药剂有 1.8％阿维菌素乳油 3 000～5 000 倍液，或 73％炔螨特乳油 1 000～1 500 倍液，或 30％腈吡螨酯悬浮剂 2 000～3 000 倍液，或 30％乙唑螨腈悬浮剂 3 000～6 000 倍液，或 12.5％阿维·哒螨灵可湿性粉剂 1 500～2 500 倍液，或 18％阿维·矿物油乳油 3 000～4 000 倍液，或 22％噻酮·炔螨特乳油 800～1 600 倍液。

六、瓜蓟马

瓜蓟马（*Thrips palmi* Karny）属于缨翅目（Thysanoptera）蓟马科（Thripidae）蓟马属（*Thrips*），又名棕黄蓟马、

南黄蓟马、节瓜蓟马，主要危害瓜类豆类和十字花科蔬菜。

1. 为害症状

瓜蓟马成虫活跃、善飞、怕光，多在节瓜嫩梢或幼瓜的毛丛中取食，少数在叶背为害。以成虫和若虫吸食瓜类嫩梢、嫩叶、花和幼瓜的汁液，被害嫩叶嫩梢变硬缩小，出现丛生现象；叶片受害后在叶脉间留下灰色斑，并可连成片，叶片上卷，新叶不能展开，茸毛呈灰褐色或黑褐色，植株矮小，发育不良，或形成"无头苗"，似病毒病。花被害后常留下灰白色的点状食痕，严重时连片呈半透明状，危害严重的花瓣卷缩，使花提前凋谢，影响结实及产量；幼瓜受害后出现畸形瓜，质变硬，毛呈黑色，严重时会导致落瓜。瓜蓟马还可以持久性方式高效传播甜瓜黄斑病毒（MYSV）等多种病毒。

2. 形态特征

（1）成虫

体长 0.9~1.1 毫米，金黄色，触角 7 节，第一二节橙黄色，第三节及第四节基部黄色，第四节的端部及后面几节灰黑色。单眼间鬃位于单眼连线的外缘。前胸后缘有缘鬃 6 根，中央两根较长。后胸盾片网状纹中有一明显的钟形感觉器。前翅上脉鬃 10 根，其中端鬃 3 根，下脉鬃 11 根。第二腹节侧缘鬃各 3 根。

（2）卵

长椭圆形，淡黄色，卵产于幼嫩组织内。

（3）若虫

初孵幼虫极微细，体白色，复眼红色。一二龄若虫淡黄色，无单眼及翅芽，有 1 对红色复眼，爬行迅速。

（4）预蛹

体淡黄白色，无单眼，长出翅芽，长度达到第三四节腹节，触角向前伸展。

（5）蛹

体黄色，单眼 3 个，翅芽较长，伸达腹部 3/5，触角沿身体

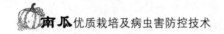

向后伸展，不取食。

3. 发生特点

瓜蓟马在我国年发生 3～20 代，从北向南发生代数逐渐增加，广东地区一年可发生 20 代，具有世代重叠现象。瓜蓟马以成虫越冬为主，也有若虫在茄科、豆科蔬菜及杂草上，或土块、土缝内、枯枝落叶中越冬，少数以蛹在土壤中越冬。当气温回升至 12℃时，越冬虫开始活动，初孵若虫集中在瓜类叶基部为害，稍大即分散。一年中以 4—6 月、10—11 月危害重。在北京地区，大棚内 4 月初瓜蓟马开始活动为害，5 月进入为害盛期。喜温暖干燥，多雨季节种群密度显著下降。

4. 防治方法

（1）物理防治

在夏季温室闲置时，可采取高温闷棚。将棚温升至 45℃以上，保持 15～20 天，可杀灭虫卵，降低虫源基数。

瓜蓟马对蓝色有强烈的趋向性，生产上常采用蓝色粘虫板对其进行诱杀。一般瓜蓟马成虫初发期为害作物，可用蓝色粘虫板进行诱杀，在生长点上方 20～30 厘米悬挂，每间隔 20～30 米悬挂或插在大棚内适当位置，可取得一定诱杀效果。同时可监测瓜蓟马的种群消长情况，作为瓜蓟马为害程度的实时监测手段。

（2）农业防治

目前农业防治可以采取露天种植和设施种植覆盖地膜的方式，大大减少出土成虫、若虫的发生与危害。及时处理大棚里的枯枝残叶和周边杂草，采取集中处理方式，以较有效降低瓜蓟马发生危害的虫源量。若想有效控制虫源量，为作物早期的生长创造有利条件，可增强施肥和浇水等人为栽培管理，促进植株生长健壮、良好，可明显减少蓟马的危害。

（3）生物防治

瓜蓟马发生初期每亩可选用 60 克/升乙基多杀菌素悬浮剂 40～50 毫升，或 25 克/升多杀霉素悬浮剂 65～100 毫升，或 150

亿孢子/克球孢白僵菌可湿性粉剂 160～200 克，或 0.3％苦参碱可溶液剂 150～200 毫升等生物药剂进行叶面喷雾，叶正反面均匀用药。

（4）化学防治

低龄若虫盛发期前叶面喷施 40％呋虫胺可溶粉剂 15～20 克（每亩），或 21％噻虫嗪悬浮剂 18～24 毫升（每亩），或 10％啶虫脒乳油 15～20 毫升（每亩），或 10％溴氰虫酰胺可分散油悬浮剂33.3～40 毫升（每亩），或 5％阿维·啶虫脒微乳剂 15～20 毫升（每亩），或 30％呋虫·噻虫嗪悬浮剂 2 000～3 000 倍液，或 40％氟虫·乙多素水分散粒剂 10～14 克（每亩）等。为防止瓜蓟马抗药性的快速产生，应尽量交替用药。

七、温室白粉虱

温室白粉虱（*Trialeurodes vaporariorum* Westwood）属半翅目（Hemiptera）粉虱科（Aleyrodidae），又名小白蛾子、白粉虱。

1. 为害症状

温室白粉虱成虫和若虫群集在叶片背面，刺吸植物汁液，造成叶片褪绿、变黄、萎蔫，果实畸形僵化，甚至全株枯死。此外，能分泌大量蜜露，严重污染叶片和果实，往往引起煤污病的大发生，使果实失去商品价值。

2. 形态特征

（1）成虫

体长 1～1.5 毫米，淡黄色，复眼赤红，刺吸式口器。双翅白色，表面覆盖蜡粉，翅端半圆形遮住腹部，翅脉简单，沿翅外缘有一小排颗粒。雌虫个体明显大于雄虫，雄虫腹部细窄，腹部末端外生殖器为黑色。该虫停息时双翅在体上合成屋脊状，如蛾类。

（2）卵

长 0.2 毫米，侧面观为长椭圆形，基部有卵柄，柄长 0.02 毫米，从叶背的气孔插入植物组织内。卵初产淡黄色，后渐变褐色，孵化前变紫黑色。

（3）若虫

一龄若虫体长约 0.29 毫米，长椭圆形；二龄若虫约 0.37 毫米；三龄若虫约 0.51 毫米，淡绿色或黄绿色，足和触角退化，紧贴在叶片上营固着生活；四龄若虫又称作伪蛹，体长 0.7～0.8 毫米，椭圆形，初期体扁平，逐渐加厚，中央略高，黄褐色，体背有长短不齐的蜡丝，体侧有刺。

3. 发生特点

在北方，温室白粉虱在温室一年可发生 10 代左右，世代重叠现象严重。温室白粉虱在 7—9 月为害严重，10 月以后当年南瓜生产结束，温度降低，虫口密度减少，危害减轻。之后，温室白粉虱在其他园艺作物的温室内继续繁殖为害，翌年 4、5 月可转移到新的南瓜种植地为害。生殖方式以两性生殖为主，产生后代为雌雄两性；也可营孤雌生殖，其后代为雄性。成虫羽化后 1～3 天可交尾产卵，平均每雌产卵 120～130 粒。各虫态在植株上层次分布，新产的卵多在顶端嫩叶，而变黑的卵和初龄幼虫多在稍向下的叶片上，老龄幼虫则在再向下的叶片上，蛹及新羽化的成虫主要集聚于最下层的叶片上。成虫具有强烈的趋黄性和趋嫩性，不善于飞翔，随着植株的生长不断追逐上部嫩叶产卵。

4. 防治方法

（1）农业防治

加强栽培管理，结合修剪整枝，摘除老叶、病叶烧毁或深埋，以减少虫源。

（2）物理防治

利用白粉虱强烈的趋黄性，在田间悬挂黄板，诱杀成虫。

（3）生物防治

利用白粉虱的天敌丽蚜小蜂、烟盲蝽和蜡蚧轮枝菌等。可人工释放烟盲蝽或丽蚜小蜂进行防治，或喷施 d-柠檬烯、鱼藤酮等生物农药。

（4）药剂防治

应在早期虫口密度较低时施用，可选用 25％噻嗪酮可湿性粉剂 1 000～1 500 倍液，或 10％吡虫啉可湿性粉剂 1 500～2 000 倍液，或 1.8％阿维菌素乳油 1 500～2 000 倍液，或 25％噻虫嗪水分散粒剂 3 000～3 500 倍液，每间隔 5～7 天喷 1 次，连续喷 2～3 次。

八、烟粉虱

烟粉虱（*Bemisia tabaci*）属半翅目粉虱科，是一种世界性分布的害虫。

1. 为害症状

成虫、若虫刺吸植物汁液，受害叶褪绿萎蔫或枯死。近年该虫危害呈上升趋势，有些地区与 B 型烟粉虱及白粉虱混合发生，混合为害更加猖獗。除刺吸寄主汁液，造成植株瘦小外，成虫和若虫还分泌蜜露，诱发煤污病，严重时叶片呈黑色。B 型烟粉虱的若虫分泌的唾液能造成南瓜等葫芦科作物生理功能紊乱，产生银叶病和白茎。

2. 形态特征

（1）成虫

雌虫体长（0.91±0.04）毫米，翅展（2.13±0.06）毫米；雄虫体长（0.85±0.05）毫米，翅展（1.81±0.06）毫米。虫体淡黄白色到白色，复眼红色，肾形，单眼 2 个，触角发达，7 节。翅白色无斑点，被有蜡粉。前翅有两条翅脉，第一条脉不分叉，停息时左右翅合拢为屋脊状，两翅之间的屋脊处有明显缝隙，两翅之间的角度比温室白粉虱的大，足 3 对，跗节 2 节，爪 2 个。

（2）卵

椭圆形，有小柄，与叶面垂直，卵柄通过产卵器插入叶内，卵初产时淡黄绿色，孵化前颜色加深，呈琥珀色至深褐色，但不变黑。卵散产，在叶背分布不规则。

（3）若虫

一至三龄若虫椭圆形。一龄体长约 0.27 毫米，宽 0.14 毫米，有触角和足，初孵若虫能爬行，有体毛 16 对，腹末端有 1 对明显的刚毛，腹部平、背部微隆起，淡绿色至黄色，可透见 2 个黄点。二龄体长 0.36 毫米，三龄体长 0.50 毫米，二龄和三龄时足和触角退化或仅 1 节，体缘分泌蜡质，固着危害。

（4）伪蛹

四龄若虫，淡绿色或黄色，长 0.6～0.9 毫米；蛹壳边缘扁薄或自然下陷无周缘蜡丝；胸气门和尾气门外常有蜡缘饰，在胸气门处呈左右对称；蛹背蜡丝的有无常随寄主而异。

3. 发生特点

烟粉虱发生世代自北向南依次增加，热带和亚热带地区一年发生 11～15 代，温带地区露地一年可发生 4～6 代，在保护地可周年繁殖为害。以各种虫态在温室南瓜上越冬为害，翌年转向大棚及露地南瓜上，成为初始虫源。春末夏初烟粉虱数量增长较快，秋季上升速达到高峰，9 月下旬为害最为严重，10 月下旬以后随着气温的下降，虫口数量逐渐减少。烟粉虱的生活周期有卵、若虫、伪蛹和成虫 4 个虫态，25℃时发育需 18～30 天，最佳发育温度为 26～28℃。在适合的植物上平均产卵 200 粒。烟粉虱羽化后喜在中上部成熟叶片上产卵，而在原危害的叶片上产卵很少。

4. 防治方法

（1）农业防治

育苗房和生产温室分开。育苗前彻底清理杂草和残株，在通风口密封尼龙纱，控制外来虫源。避免甜瓜与黄瓜、番茄、菜豆混栽。温室、大棚附近避免栽植黄瓜、番茄、茄子、菜豆等粉虱发生严重的蔬菜。

（2）生物防治

在烟粉虱发生初期，可叶面喷施 5％ d -柠檬烯可溶液剂100～125 毫升（每亩），或每毫升 200 万菌落形成单位（CFU）耳霉菌悬浮剂 150～230 毫升（每亩），或 0.3％的印楝素乳油1 000倍液。

（3）物理防治

烟粉虱对黄色敏感，有强烈趋性，可在温室内设置黄板诱杀成虫。方法同瓜蚜防治。

（4）化学防治

选用 25％噻虫嗪水分散粒剂 4～8 克（每亩），或 40％螺虫乙酯悬浮剂 12～18 毫升（每亩），或 60％呋虫胺水分散粒剂10～17 克（每亩），或 10％吡虫啉可湿性粉剂 1 000 倍液，或 75克/升阿维菌素·双丙环虫酯可分散液剂 45～53 毫升（每亩）。为延缓害虫抗药性的产生，注意交替用药。

九、美洲斑潜蝇

美洲斑潜蝇（*Liriomyza sativae* Blanchard）属双翅目（Diptera）潜蝇科（Agromyzidae），又名蔬菜斑潜蝇、美洲甜瓜斑潜蝇、苜蓿斑潜蝇。

1. 为害症状

美洲斑潜蝇是一类世界性的微小害虫，成虫产卵于瓜叶上，孵化后幼虫钻入叶内，主要通过幼虫蛀食寄主叶片，产生不规则虫道，即"潜道"来危害寄主，同时雌成虫也可刺伤寄主叶片并进行取食，不仅影响植物的光合作用（美洲斑潜蝇在危害严重时能够将受害叶片的光合作用率降低 62％左右），而且严重降低作物产量，甚至导致绝收。该害虫不仅个体微小，不易察觉，而且幼虫蛀食叶片形成"潜道"作为庇护所，使得其防治十分困难。

2. 形态特征

（1）成虫

雌虫体长 2.5 毫米，雄虫 1.8 毫米，翅展 1.8～2.2 毫米。体色灰黑，额鲜黄色，侧额上面部分色深，甚至黑色，虫体结实。第三触角节鲜黄色，无角刺。

（2）卵

乳白色，半透明，将要孵化时呈浅黄色，卵大小为（0.2～0.3）毫米×（0.1～0.15）毫米。

（3）幼虫

蛆状。共 3 龄，初孵时半透明，长 0.5 毫米，老熟幼虫体长 3 毫米。幼虫随着龄期的增加，逐渐变成淡黄色，如果被寄生，后期幼虫呈黑褐色，幼虫后气门呈圆锥状突起，顶端三分叉，各具一开口。

（4）蛹

椭圆形，橙黄色，后期变深，后气门突出，与幼虫相似，长 1.3～2.3 毫米。

3. 发生特点

北京地区每年发生 8～9 代，华南地区每年可发生 15～20 代。在北京地区露地不能越冬，在保护地可周年为害并越冬。在北京地区，田间 6 月初见，7 月中至 9 月下旬是露地的主要危害时期，10 月上旬后虫量逐渐减少。在保护地种植条件下，通常有两个发生高峰期，即春季至初夏和秋季，以秋季为重。

4. 防治方法

（1）农业防治

早春和秋季育苗及定植前，彻底清除田内外杂草、残株、败叶，并集中烧毁，减少虫源。种植前深翻整地，适时灌水浸泡和深耕 20 厘米以上均能消灭蝇蛹，两者结合进行效果更好。

（2）物理防治

在夏季换茬时，将棚门关闭，使棚内温度达 50℃ 以上，然后持续 2 周左右。在冬季让地面裸露 1～2 周，均可有效杀灭美洲斑潜蝇。利用橙黄色的黄板粘虫板，田间每亩挂黄色粘虫卡 20 片左右，每 10 天更换一次，诱蝇效果明显。

（3）化学防治

掌握成虫盛发期，选择成虫高峰期、卵孵化盛期或初龄幼虫高峰期用药。防治成虫一般在早晨露水干前喷洒，可选用 19% 溴氰虫酰胺悬浮剂 2.8～3.6 毫升（每平方米，苗床喷淋），或 80% 灭蝇胺水分散粒剂 15～18 克（每亩），或 31% 阿维·灭蝇胺悬浮剂 22～27 毫升（每亩），每隔 15 天喷 1 次，连喷 2～3 次。

十、棉铃虫

棉铃虫（*Helicoverpa armigera*）属鳞翅目（Lepidoptera）夜蛾科（Noctuidae），又名棉铃实夜蛾、红铃虫、绿带实蛾。

1. 为害症状

棉铃虫为害时，初孵幼虫先食卵壳，不久开始危害生长点和取食嫩叶，出现缺刻或孔洞；二龄后钻入嫩蕾中取食花蕊。三四龄幼虫主要为害幼瓜，幼瓜下部有蛀孔，直径约 5 毫米，不圆整，瓜内无粪便，瓜外有粒状粪便。五六龄进入暴食期，多危害果实，从基部蛀食，有蛀孔，孔径粗大，近圆形，粪便堆积在蛀孔之外，赤褐色。棉铃虫有转移为害的习性，一只幼虫可危害多株植株，且各龄幼虫均有食掉蜕下旧皮留头壳的习性，给鉴别虫龄造成一定困难，虫龄不整齐。

2. 形态特征

（1）成虫

体长 15～20 毫米，翅展 30～38 毫米，灰褐色。复眼球形、绿色；前翅具褐色环状纹及肾形纹，肾形纹前方的前缘脉上有二褐纹，肾形纹外侧为褐色宽横带，端区各脉间有黑点；后翅灰白色，沿外缘有黑褐色宽带，宽带中央有 2 个相连的白斑，且后翅前缘有 1 个月牙形褐色斑。

（2）卵

半球形，高 0.5 毫米左右，乳白色，顶部微隆起；表面布满纵横纹，具纵横网格；纵纹从顶部看有 12 条，中部 2 纵纹间夹有 1～2 条短纹且多 2～3 岔，所以从中部看有 26～29 条纵纹。

（3）幼虫

体长 30～42 毫米，体色多变，由淡绿、淡红至红褐乃至黑紫色，常见为绿色及红褐色；老熟六龄幼虫头部黄褐色，背线、亚背线和气门上线均为深色纵线，气门白色，腹足趾钩为双序中带；体表布满小刺，且底座较大。

（4）蛹

长 17～21 毫米，纺锤形，黄褐色，腹末有一对臀刺，刺的基部分开；腹部第 5～7 节的背面和腹面有 7～8 排半圆形刻点，较粗而稀；一般入土 5～15 厘米化蛹，外被土茧。

3. **发生特点**

棉铃虫的年发生世代数由北向南逐渐增加，辽河流域和新疆等地每年发生 3 代，黄河及长江流域发生 4～5 代，华南 6 代。气温回升至 15℃以上时越冬蛹开始羽化，4 月下旬至 5 月上旬为羽化盛期，第一代成虫盛期出现在 6 月中下旬，第二代在 7 月下旬，第三代在 8 月中下旬至 9 月上旬，至 10 月上旬尚有棉铃虫出现。成虫白天栖息在叶背和隐蔽处，黄昏开始活动，吸取植物花蜜补充营养，飞翔力强，产卵有强烈的趋嫩性；成虫对黑光灯（300 纳米光波）和半枯萎杨树枝有强趋性，交尾和产卵在夜间进行，卵多分散产于植株上部叶背面，少数产在叶正面、叶柄、嫩茎上或杂草等其他植物上。一头雌蛾一生可产卵 500～1 000 粒，最高可达 2 700 粒。

4. 防治方法

（1）农业防治

清洁田园，清除杂草，结合田间夏冬两季割茎去叶，移走枝叶残体，以减少虫源。

（2）物理防治

保护地栽培在条件允许时，夏天进行高温闷棚，杀死虫、卵和蛹。还可人工摘除卵块和捕捉高龄幼虫，集中销毁，降低翌年虫口基数。大棚设施栽培，利用防虫网阻隔成虫进入。根据成虫趋光性，在种植园悬挂风吸式杀虫灯诱杀成虫。也可使用棉铃虫的性诱剂诱杀成虫，一般每个大棚（300 米^2 左右）使用性诱剂诱捕器一个。把诱捕器固定在大棚内，安置于植株茎叶上方 10 厘米处，建议每两天清理诱捕器下面的盛虫瓶，夜挂昼收，可以延长诱芯的使用寿命，换瓶时可把诱捕器收起放于阴凉处，以延长使用期。每 4～6 周需要更换诱芯，在使用一段时间后，诱芯诱虫效果降低可二并一继续使用，以提高诱虫效果。棉铃虫一般 5—7 月开始发生，8—10 月大量发生，推荐性诱剂应在 7—10 月连续使用，以减少农药的应用。

（3）生物防治

加强监测预警，当害虫发生达到防治指标时，应掌握在卵孵高峰和低龄幼虫期用药，每亩可使用 1%苦皮藤素水乳剂 90～120 毫升，或 32 000 国际单位（IU）/毫克苏云金杆菌可湿性粉剂 40～60 克，或 60 克/升乙基多杀菌素悬浮剂 20～40 毫升，叶面喷雾。

（4）化学防治

加强监测预警，当害虫发生达到防治指标时，应掌握在卵孵高峰和低龄幼虫期用药，每亩可选用 10%溴氰虫酰胺可分散油悬浮剂 19.3～24 毫升，或 5%氯虫苯甲酰胺悬浮剂 30～60 毫升，或 25%甲维·虫酰肼悬浮剂 40～60 毫升，叶面喷雾。要注意农药的合理交替使用，延缓害虫对农药产生抗性的时间。

十一、黄足黄守瓜

黄足黄守瓜（*Aulacophora femoralis chinensis* Weise）属鞘翅目（Coleoptera）叶甲科（Chrysomelidae）害虫，别名瓜守、黄虫、黄萤等，主要危害南瓜、黄瓜、丝瓜、苦瓜、西瓜、甜瓜等瓜果类植物。

1. 为害症状

成虫取食瓜苗的叶和嫩茎，常常引起死苗，也危害花及幼瓜。成虫取食叶片时，以身体为半径旋转咬食一圈，然后在圈内取食，在叶片上形成一个环形或半环形食痕或圆形孔洞。幼虫在土中咬食瓜根，导致瓜苗整株枯死，还可蛀入接近地表的瓜内为害，防治不及时可造成减产。

2. 形态特征

（1）成虫

体长约 9 毫米，长椭圆形，腹面、后胸和腹节为黑色，其余身体部位为黄色，前胸背板长方形，鞘翅基部比前胸阔。

（2）卵

初孵白色，以后渐变为褐色。

（3）幼虫

老熟时体长约 12 毫米，头部黄褐色，前胸背板黄色，体黄白色，臀板腹面有肉质突起，上生微毛。

（4）蛹

长 9 毫米，纺锤形，乳白色带有淡黄色。

3. 发生特点

在华北地区一年发生 1 代，华南地区一年发生 3 代。以成虫在地面杂草丛中群集越冬。翌年春天气温达 10℃时开始活动，以中午前后活动最盛，一年 1 代地区的成虫于 7 月下旬至 8 月下旬羽化，危害瓜叶、花或其他作物，秋季以成虫进入越冬。黄足黄守瓜喜温湿，湿度越高，产卵量越多，每次在降水之后即大量产卵。相对湿度在 75％以上时卵不能孵化，卵发育需 10～14天，孵化出的幼虫可危害细根，三龄以后食害主根，致使作物整株枯死。幼虫在土中活动的深度为 6～10 厘米，幼虫发育需19～38 天。前蛹期约 4 天，蛹期 12～22 天。

4. 防治方法

（1）物理防治

发生严重的区域宜采用全田地膜覆盖栽培，或在育苗期幼苗出土后用纱网覆盖，待瓜苗长大后撤掉网罩。

（2）化学防治

重点做好幼苗期的防治工作，控制成虫危害和产卵。成虫防治药剂可选用10％氯氰菊酯乳油 2 000～3 000 倍液，或 4.5％高效氯氰菊酯乳油，或 25％噻虫嗪水分散粒剂 3 000～4 000 倍液，或 25％氰戊菊酯乳油 2 000 倍液，或 10％溴氰虫酰胺可分散油悬浮剂 1 500～2 000 倍液，均匀喷雾；防治幼虫可选用 50％辛硫磷乳油 2 500 倍液灌根。

参考文献

曹玲玲，2019. 蔬菜集约化穴盘育苗技术图册 ［M］. 北京：中国农业科学技术出版社.

曹玲玲，2023. 图解蔬菜育苗一本通 ［M］. 北京：中国农业出版社.

程永安，2005. 特种南瓜栽培新技术 ［M］. 咸阳：西北农林科技大学出版社.

董德龙，张丽香，刘微，等，2017. 籽用南瓜高产高效栽培技术 ［J］. 农民致富之友 （20）：172.

伏婷云，2018. 板栗南瓜高产栽培技术 ［J］. 园艺特产，12 （15）：42 - 43.

高静，2008. 水肥交互作用对黄土高原南瓜生理特性及其产量品质的影响 ［D］. 咸阳：西北农林科技大学.

高静，梁银丽，贺丽娜，等，2008. 水肥交互作用对黄土高原南瓜光合特性及其产量的影响 ［J］. 中国农学通报，24 （5）：250 - 255.

郭勤平，毛玉荣，杨广东，2001. 日本南瓜果实发育与营养吸收的初步研究 ［J］. 山西农业科学，29 （1）：67 - 69.

何毅，樊学军，洪日，2005. 新优质小型南瓜高产栽培技术 ［J］. 广西热带农业 （4）：34 - 35.

黄文浩，2005. 不同氮、钾、镁水平对南瓜生长发育和产量品质的效应研究 ［D］. 南宁：广西大学.

李会彬，赵玉靖，王丽宏，等，2013. 冀西北高原食用南瓜平衡施肥研究 ［J］. 北方园艺 （13）：197 - 199.

李俊星，刘小茜，赵钢军，等，2021. 中国南瓜育种研究进展 ［J］. 广州农业科学，48 （9）：12 - 21.

刘晓宏，肖洪浪，赵良菊，等，2006. 不同水肥条件下春小麦耗水量和水分利用率 ［J］. 干旱地区农业研究，24 （1）：56 - 59.

刘永进，范晓明，2014. 南瓜标准化生产技术及贮藏 ［J］. 吉林蔬菜 （3）：

4 - 5.

彭世琪，崔勇，李涛，2008. 微灌施肥农户操作手册 [M]. 北京：中国农业出版社.

沈汉，1990. 京郊菜园土壤元素累积与转化特征 [J]. 土壤学报，27（1）：104 - 113.

司力珊，2006. 南瓜、西葫芦生产关键技术百问百答 [M]. 北京：中国农业出版社.

王凯，沈颖，黄智文，等，2018. 蜜本南瓜栽培技术及主要病虫害防治 [J]. 蔬菜（9）：53 - 55.

王克武，2011. 农业节水技术百问百答 [M]. 北京：中国农业出版社.

武爱莲，焦晓燕，李洪建，等，2010. 有机肥氮素矿化研究进展与展望 [J]. 山西农业科学，38（12）：100 - 105.

徐贞贞，王敏，毛雪飞，等，2015. 中国蔬菜分等分级标准分析 [J]. 中国蔬菜（5）：5 - 8.

于福明，2018. 籽用南瓜优质高产栽培技术 [J]. 农民致富之友（13）：15.

张琪麟，黄秀玲，吴沅霖，等，2020. 南瓜分级方法研究 [J]. 南方农机，51（16）：73 - 75.

张振坚，2003. 蔬菜栽培学 [M]. 北京：中国农业出版社.

周永香，崔永恒，姚发翠，等，2016. 北京地区早春日光温室小果型南瓜高产栽培技术 [J]. 中国瓜菜，29（1）：43 - 50.

邹国元，杨志英，陶安忠，等，2004. 高有机肥投入条件下几种特菜养分吸收特征研究 [J]. 西南农业学报，17：227 - 229.

Ayuso M, Pascual J A, García C, et al., 1996. Evaluation of urban wastes for agricultural use [J]. Soil Science and Plant Nutrition, 42 (1): 105 - 111.

Biesiada A, Nawirska A, Kucharska A, et al., 2009. The effect of nitrogen fertilization methods on yield and chemical composition of pumpkin (*Cucurbita maxima*) fruits before and after storage [J]. Vegetable Crops Research Bulletin, 70: 203 - 211.

Naderi M R, Bannayan M, Goldani M, et al., 2017. Effect of nitrogen application on growth and yield of pumpkin [J]. Journal of Plant Nutrition, 40 (6): 890 - 907.

Pradhan S K, Pitkänen S, Heinonen – Tanski H, 2008. Fertilizer value of urine in pumpkin (*Cucurbita maxima* L.) cultivation [J] . Agricultural and Food Science, 18 (1): 57 – 68.

Sardans J, Peñuelas J, Estiarte M, 2006. Warming and drought alter soil phosphatase activity and soil P availability in a Mediterranean shrubland [J] . Plant and Soil, 289 (1 – 2): 227 – 238.